图书在版编目（CIP）数据

虹口石库门生活口述 / 陆健主编.

上海：同济大学出版社，2015.4

ISBN 978-7-5608-5732-9

Ⅰ.①虹… Ⅱ.①陆… Ⅲ.①民居—史料—上海市②

社会生活—史料—上海市 Ⅳ.①TU241.5②K295.1

中国版本图书馆CIP数据核字(2015)第006301号

本书由上海同济城市规划设计研究院资助出版

虹口石库门生活口述

主　　编　　陆　健
副 主 编　　赵亦农
策　　划　　葛建平
责任编辑　　陈立群(clq8384@126.com)
装帧设计　　陈益平
责任校对　　徐春莲

出版发行　　同济大学出版社　www.tongjipress.com.cn
　　　　　　（ 地址：上海四平路1239号 邮编：200092 电话：021-65985622 ）
经　　销　　全国各地新华书店
印　　刷　　上海中华商务联合印刷有限公司
成品规格　　170mm×230mm　192P
字　　数　　240 000
版　　次　　2015年4月第1版　　2015年4月第1次印刷
书　　号　　ISBN 978-7-5608-5732-9
定　　价　　48.00元

虹口石库门生活口述

主编 陆健 副主编 赵亦农 策划 葛建平

同济大学出版社

《虹口石库门生活口述》编委名单

顾　问：刘　可　李国华

主　编：陆　健

副主编：赵亦农

策　划：葛建平

口述采录整理：葛建平　刘　莹

照片摄影：洪　蕉

常识文字：薛顺生

插　图：王贵良

目录

《石库门文化研究丛书》总前言

一

　　世界上几乎每个城市都有自己的形象标志。在前行的进化演变中，一些城市的形象标志也不会一成不变，在不同的时代中也会更新。

　　如在上海，当1843年开埠后，展现在世界面前的形象标志是上海县城老城厢中心充满古典气息的湖心亭和九曲桥。从那个时代国外出版的世界风景画报和老图书插图中可以得到见证：一些来沪外国人很喜欢倚在九曲桥木栏上，以木结构的湖心亭为背景摄影留念。但进入20世纪，黄浦江边的外滩第一代西式建筑陆续拆除翻新，到二三十年代，一幢幢高楼大厦在沿江鳞次栉比地拔地而起，形成一条优美的弧形建筑带。这条宏伟大气的风景线便成了上海城市的新形象标志。而到20世纪末，对江浦东进入了大开发。在陆家嘴，以东方明珠电视台为中心，现代化的高层建筑群起矗立，它们的高度与清新轮廓，使历史的外滩建筑未免显得灰暗和沉重，于是陆家嘴的风光又成了改革开放后上海崛起的新的城市形象标志。

　　然而进入本世纪，在并未忘记上述三个历史性和时代性城市形象标志的同时，忽地又有一种微观的城市形象标志令人意想不到地悄然而生。这就是"石库门"冒出来了。"石库门"以及由此派生的各种里弄，是上海特有的、地域性极强的居民住宅形式，由于历史悠久，在市内分布面广，是普遍性的大众居住建筑，因此，一代又一代的老上海人、新上海人都在里面出生、成长，直至终老，也就是说，无数的上海人都和它发生了紧密的人生关联。在现今，尽管现代化、国际化阔步前进，但人们面对着"旧貌换新颜"的快速城市改造，却也越来越怀旧和喜好城市的个性。就在这样大背景下，"石库门"作为人们又一标志性的追求便就此而生：2009年世博会特别亮眼的"上海馆"就以高大的石库门为馆门；现今许多公共场所在举办活动、庆典、展览等时都会专门做起一个"石库门"作为标志装饰；在上海街头，还出现了"石库门"的大型雕塑；而一些商场和商品也特意利用"石库门"作为门面和商标，以突出自己的品牌……"石库门"显然成了大众非常熟悉和喜闻乐见的东西。

可以毫不夸张地说，在今天，如果有人问起上海有什么？全国各地和海外各国对上海有些了解的人，在脑海中除"湖心亭"、"外滩"、"东方明珠"外，立即会浮出"石库门"这一鲜活的形象，也许会别有意味地说：上海有"石库门"！

二

1853年上海县城爆发小刀会起义，华界城厢居民纷纷避往城外外国租界。其时太平天国已定都天京，太平军与清军以后长期拉锯于长江中下游，上海郊区及周围地区也成为烽火遍地的战场。这一时期，江浙一带的大批或富或贫民众为避兵燹战祸，群相逃亡到上海，托庇于租界。租界人口猛增，住房紧缺。外商乘机大量建造简易木板房，出租牟利。

简易木板房极易失火燃烧，有误界内安全。1864年太平天国失败后，租界难民渐回，租界当局遂令逐步拆除这类木板房，自1870年前后，在界内开始建造一种砖木结构立帖式的联结住宅以代之。这种住宅单体结构接近于我国江南传统的三合院、四合院民居形式，因房屋大门用石条框、黑漆厚木门做成，故被称为"石库门"。而其总体布置仿照欧洲联排式房屋的集连格局，纵向或横向排列。一组联排石库门加上面前的夹弄通道，便形成为一条"里弄"。有一条里弄在那儿的，也有几条里弄群聚在一起，形成一个石库门里弄大地块。这种"石库门"里弄房屋，单项占地较小、内部房多、造价不高，因而很受华人欢迎，很快就在租界和华界内流行起来，自此并稳定发展为上海的一种独特的、主要的住宅建筑。

当然，石库门里弄兴起后，在之后的历史演进中也是在向前改变发展着的。

早期老式石库门里弄（1870年前后—约1910年）单元平面为三开间二厢或五开间二厢二层组成，但随着上海人口的不断增长，住房需求加大，后期老式石库门里弄（约1910年—约1919年）单元平面减窄，变为单开间或双开间一厢房，但外面的弄堂过道却比以前有所放宽，以便居民出入往来。到1919年后至抗战期间，在上海城市进步与繁荣总体背景下，新式石库门里弄住宅又兴起，它们比老式石库门里弄有明显的改良。主要是总体布置一般都横向排列，以达朝南方向，能获得更好的采

光；弄道更加加宽；结构从砖木结构改为混凝土结构，并且开始运用先进的新建筑材料；住宅内部楼层则多由二层增加到三层，有些里弄内还开始装有卫生设备。

上海城市人口一直在持续激增，而全国和海外的富裕阶层在上海大批大批的生成或者进入这座繁华的城市里，这些富裕阶层有着更多、更高的生活和享乐要求，这就推动了上海住宅再向更高级的方向发展，在新式石库门里弄兴起的同时，高级的花园里弄、公寓里弄又在上海破土而出。它们不是石库门的样式，也不同于石库门内部的结构，但是，建筑总体联排式的布局，以及公共弄道的配设，却是承继了石库门里弄布局的基本框架。

上海石库门里弄的建造一直延续到20世纪40年代。1949年，新中国成立，工人阶级成为领导阶级。上海是中国的最大工业城市，工人人数庞大。于是一种名为"工人新村"的火柴盒式楼房建筑兴起，并越建越多。但石库门里弄的历史毕竟已漫长至70年左右的历史，在这个大都市内，如一定要比较的话，前者总量始终未超过后者，也就是说，石库门里弄长期以来仍是属于上海的第一位的居住建筑。直到80年代改革开放后，伴随上海城市的旧区改造和城市更新，已经进入老化的石库门里弄才加快了拆除或改造的步伐。

"石库门"不仅是上海独特的、主要的居住建筑，在迄今为止的近一个半世纪的历史变迁和积淀中，还上升为上海乃至全国的一个重大的文化符号。当2006年我国从下到上大举发掘、清理我们民族、民间的非物质文化遗产时，上海石库门引起了极大的关注，经上海及全国专家的研究和大力推荐，2009年"上海石库门营造技艺"成功进入国家级的非物质文化遗产名录，成为我国一项非常重大的国家级的建筑及其技艺文化遗产，它如同内蒙古的"蒙古包"、福建的"土楼"、广东的"碉楼"、北京的"四合院"等一样，从此在全国和世界上发出永久而非同一般的熠熠光辉。

三

石库门里弄作为住宅建筑，容纳承载了上海无数的石库门家庭和石库门人，他们在这一特殊的空间里，长久地生存，因而演绎出了芸芸众生悲喜苦乐的一种特别的上海市民生活。

在前期，石库门里弄多是一幢一个大家庭，但随着社会向前发展，大家庭越来越细拆为小家庭。而最根本的原因还是全国人口向上海大幅度流动集聚。在旧中国，除经常的兵荒马乱迫使难民源源不断流来上海，上海作为中国第一大都市，在经济繁荣的同时，又带来了难以计数的前来谋生、冒险、奋斗、寓居的各色人等。上海房荒便一直处于严重的状态，石库门里弄从而受到了最主要的冲击。在旧中国，这一冲击在抗日战争期间达到了高峰，石库门房子里开始隔房间、加阁楼，楼梯下加铺，晒台改建为住处……空间越分越小，以能接纳更多的来者。而至新中国，上海人口继续大幅度增长，但改革开放前房屋建设大为滞后，迫使石库门里弄继续不断地塞进更多的家庭和人口，状况如旧。上海石库门房子内居民生活是如此地艰难，有一出滑稽戏《七十二家房客》专门描绘了这种困苦的生活场景，这出戏虽然有些夸张（因一幢石库门房子再分隔，空间有限，也隔不出72家房客的），但它的鲜活生动，使"七十二家房客"一语成为对上海石库门空间逼仄流行的生动写照。

但生活总得展开。说石库门生活充满了悲喜苦乐，因它实际并非绝对的艰难困苦，而是包含了两大方面。正面者，狭窄拥挤的空间却缩短了屋檐下人与人、家庭与家庭的距离，造成了必然抱成一团的亲密邻里关系。特别是在旧时传统文化的长期熏陶下，邻里能互相往来和照应。这方面的例子有许许多多：如下雨了，会把邻居晒出的衣被一起收进；有客来，我不在，邻居家会代为招待；我家包馄饨，会让邻居尝，你家做汤圆，也会送一碗来；至于生活用具的借来借去，油盐酱醋缺少时的调剂一点，还有老人庆寿、小孩出生送给一碗面、两个红蛋等，都已经成了石库门内居民的生活习惯。这样的往来照应，正应了中国的一句老话："远亲不如近邻。"

但石库门内又有另一面。由于空间的逼仄已经到了万般无奈的境地，时间一久，邻居之见的摩擦和矛盾也会随时而生。这特别是在20世纪50年代至"文化大革命"期间，房荒又达新的高峰，而更主要的是此时传统文化已被极大摧残，在以"阶级斗争为纲"的背景中，人与人的关系被扭曲，于是石库门内为争一点点公用部位，为公用设施如水、电的使用和计费，为互相言语之间的出入和传言的变形，等等，都可以引发互相激烈的谩骂、争吵，甚至大打出手。这时，居委会、街道和派出所就成了石库门里弄的"救火队"，处理和调解邻里关系竟成了他们经常性的，甚至主要的工作内容。

石库门楼内如此局促的空间，还迫使居民将自己的生活自然地延置到了外面的弄堂通道。这个开放的空间是石库门居民都可以利用的公共

场所，各自错落使用也不致很拥挤，故其状况一直就比较的安详和谐：戴着老花镜的老人们坐在小竹椅上晒太阳、打瞌睡；大姐婆妈们在此闲聊、做针线；小孩们将这里当成了儿童乐园，其游戏种类多得可以不时翻出新花样。最兴旺的时侯还属夏天暑季，石库门房子里闷热难当，于是不少人家将方桌凳摆到弄堂里，摆上小菜，就此喝小酒、吃夜饭。而到晚上，一些男人与小孩会先将地上用水冲凉、冲干净，然后铺上门板、凉席，在此一觉就睡到第二天天亮。

在旧上海时期，更有小商小贩们穿街走巷地来到各条弄堂里，日日夜夜地推销各种各样的小吃、小商品以及送上修修补补各种服务。为了招揽人，他们还发出各种不同的叫卖声如："大饼油条——脆麻花"、"栀子花——白兰花"、"（先用梆子敲）笃笃笃——卖糖粥"、"糯米热白果——"、"甜酒酿——小圆子"、——"修阳伞"、"削刀——磨剪刀"、"棕绷修哦 ——籐绷修哦？"这些叫卖声有腔有调，抑扬顿挫，它们日日荡漾在石库门里弄的低空中，为石库门人的生活增添了一点别样的情趣。

四

上海的石库门里弄迄今已走过了将近一个半世纪的历程，早期老式石库门因年代久远已所存无几，而留至今天的大部分石库门建筑也多已显出了陈旧暗淡的老态。"七十二家房客"的那种生活状况，在许多石库门里，依然不同程度地可以看到，其状甚至被极端地形容为处于"水深火热"之中。因此，要求改善、改变石库门生活环境的呼声日甚一日。

改革开放以来，上海旧区改造力度加大、加快，特别是土地批租买卖使得房地产开发如火如荼，拆除低层的房屋建造高层建筑已极为普遍。在这样的形势下，旧式石库门里弄的拆除便大规模地展开，消失于世。

然而这也引起了社会各界的广泛的关注，尤其是大规模的拆迁受到了媒体舆论和专家学者经常性的报道与批评。因为石库门毕竟是上海非常有特色的历史文化符号和历史文化载体，抹掉它们，等于在消除上海城市面上的历史文化印迹。而越来越多的关于石库门生活的影视作品、文学作品的动人描绘，又让人更加追怀这种特有的上海风貌和上海气息，确实，许多人是割不断对与自己人生有关的石库门绵绵情结的。也因此，在上海甚至连"保卫石库门"这样的口号也在人群中呼喊了出来。

关于石库门的保护，实际上地方政府、一些专家学者以及开发商从历史与现实两方面出发，一直在探索可行之路，也尝试做了一些工作，主要如：

1.对一片比较有良好风貌和结构的石库门里弄，完整地加以精心的或适当的修缮，内部设法为每家辟出独立的小厨房和小卫生设备，由此每家的环境和设施大为改善。这方面，陕西南路的"步高里"就是一个代表；

2.填入商业和时尚元素，在不拆除原有石库门房屋的情况下，将某些石库门里弄改成居、商结合的时尚新小区，从而使老里弄焕发了青春活力，变成了一个大众爱来的旅游观光点。这方面，泰康路上的"田子坊"就是一个案例。

3.利用石库门建筑的门面和结构元素，依托周边的石库门老里弄陪衬，在一个地方打造一片新的石库门房子和石库门弄道，从而开发出了一个完全新颖的时尚商业文化区。这方面，紧邻石库门"一大会址"的"新天地"就是一个成功的典型，目前已成为国内外游客来上海的必到之地，是上海的一道靓丽的新风景线。

4.在郊区的一些比较开阔之地，一些房地产开发商，不造西式别墅，而钟情于石库门样式，专意营造出一批新石库门，这方面，如宝山的"公元1860"。当然它们主要是采用了石库门的门头和轮廓式样，在空间比例上都比老石库门放大，内部结构也多有改变；

5.旧时的石库门弄堂儿童游戏丰富多彩，这些游戏在新时代变成别具一格的新鲜玩意。因此，将这些游戏项目收集起来，集中于一处来专给现代儿童玩乐，是使现代儿童减少由紧张学习带来的压力的方法之一。如现今在苏州河边，专门建立有一个"九子公园"就是专门为这个目的而设的儿童乐园，"九子"者为：打弹子、滚轮子、掼结子、顶核子、抽陀子、造房子、跳筋子、扯铃子、套圈子。这些游戏完全出自过去的石库门弄堂。

尽管各方面做了上述一些努力，但石库门里弄处于时代激进和上海改革、创新的大发展形势中，这一历史建筑群在去留，在改造、保护具体问题上又涉及政策、财政及动迁等复杂的管理、经济和社会因素，因此面临的局面是异常的严峻和艰巨。从根本上来说，还得合理采取一些总体性的规划目标和政策导向，才能使留存的石库门弄堂摆脱现有的困境走向新的境界。当然，这主要还是应由具有权力和影响力的政府首先来做好良好的顶层设计和决策。

从宏观上来说，上海石库门里弄即使千头万绪，千艰万难，首要的还是应从民生与上海城市整体规划出发，通盘考虑石库门里弄的环境与生活质量的改善和提高。而就历史文化遗产的角度，眼前迫切需要重大落实的，似为以下三大非常迫切的任务，因这是与上述目标相关的基本问题：

1.在漫长的历史长河中，旧时岁月产生的老建筑确实难以"长生不老"，永续于世。但作为后代，我们又极有责任将旧建筑中的精粹，将可认定为具有一定的历史价值、艺术价值或科学价值，可成历史文化遗产的那个精华部分，保存下来、保护起来（而且应是精心的保护），或使之能"延年益寿"，或使之能永久传承。上海石库门里弄就是这样的一个对象。

从旧上海而来的上海石库门里弄资源到底有多少？已经拆去了多

少？还剩下多少？这一直没有很好地清理过。上海的老房子曾经按建筑状况等因素，笼统地划称为一级旧里和二级旧里，但这并不是保留、保护石库门里弄的级别标准，也即上海并没有设定过石库门里弄何可去、何可留、何应护的准则。如果没有从法制上加以明确的界定，定出应有的可遵循的标准，那么在今天摧枯拉朽的改造开发城市更新中，石库门里弄一旦进入市场，除了极少量已确定为上海优秀历史建筑的那部分外，其余石库门里弄都可在一夜之间被推倒而消失。媒体舆论、专家学者及市民大众往往只能在已成定局时才能大声疾呼，发出强烈却又无效的批评和抨击。因此，紧迫地制定出这方面专门的条例，特别是要具体列出必须保留、保护的石库门里弄名单，在制度与管理上控制起来，当是首要之举。这是使上海石库门真正能长久地不会被抹去的根本保证。

2.保护石库门，不仅是保护石库门里弄，更全面地还要保护"石库门生态"。这除了今后要极大加强对石库门文化的广泛和深入研究外，从上海城市层面上来说，现今还得考虑现实地在整个市区内搜寻、确定建立一到两个"上海石库门文化生态保护区"。这一两个文化生态保护区必须是历史年代久长、有一定的规模范围、风貌特色比较浓郁，并且确具一定的历史价值、艺术价值或科学价值，也即已达历史文化遗产的标准。在这样的文化生态保护区内，我们要重点保护它们的原始空间格局；重点保护它们的原始建筑风格；还要通过留住地域原住民，恢复和展现一些原始生活形态；同时又要设置一定的弄道公共空间，再现旧时儿童游戏，再现小摊小贩的走街串巷的叫卖、小店小厂小作坊交易和生产形态……

这将是展现近代以来上海城市与社会发展富有强烈历史感的最民间、最民俗的更真实的"新天地"，它可以作为上海历史文化强固的传承基地，可以作为追寻和认识上海历史文脉的一个有说服力的大众胜地。现今，人们常常批评中国的城市已经到了"千城一面"的境地，实际缺少的就是这样个性化的深厚、深刻内容。"石库门"既然已经成了大上海的形象标志，我们若能把这样的基地胜地建立起来的同时，将更多的上海石库门里弄空间保存下来，大上海自然将会更加充实、更富魅力，闪耀出别样的独特光彩。

3.随着社会对"石库门"越来越有兴趣和越来越重视，"石库门文化"作为一种专门性的重要的文化类型，也凸显了出来。但对这一文化的研究实际还刚刚起步。人们一般多关注石库门的建筑风貌，但实际对它的空间、结构、特征等还缺乏专业的，并能切入其历史演变中复杂变化的深入考察。举一个细小的例子，石库门门头上的山花图案，中外式样皆有，已丰富到千变万化的地步，一条里弄中的石库门房子，竟会到每个门头都不一样的地步。如何从建筑学，更从美学上剖解它，这就需要建筑学者和美学学者、文化学者的跨学科共同研究了。

至于石库门里弄内从生至今的生活方式、服务方式和生产方式更是宏大而细微，可称为百多年来大上海市民的一个活生生的"大千世界"。它们涉及时代变迁、社会发展背景，涉及政治、经济、文化等各种具体动因，涉及男女老少及其籍贯、家庭、习俗等民间元素，因此，自然需要各方面相关学科的专家学者以及社会上有志于此的爱好者们，从方方面面不同的角度来研究它、考察它、分析它、叙述它。

也正出于上述这样的目标，上海同济城市规划设计研究院与上海石库门文化研究中心一起，决定共同约请一批专家学者，撰写出版这一套《石库门文化研究丛书》，以推动这一工作的良好进行，使我们的一些愿望和目标能较快地得到理想的实现。

上海石库门文化研究中心 专家委员会主任
上海社会科学院历史研究所 研究员
郑祖安

留住石库门的记忆（代序）

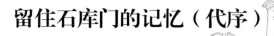

　　上海石库门是大多数上海人生活过的地方，也是上海人最有回味的场景，随着岁月的流逝，时事的变迁，石库门慢慢地会退出上海人的视野。我想从城市保护上看上海会留下少量的石库门建筑，但只是为了留存实物的纪念。物变景迁，肯定不会再有过去那些生活的场景了。在上世纪百年的岁月里不同年代石库门里出现过人们的不同处境，有不同的风情，也有不同的感受，回忆起来总是那么温馨和有味，把这些记忆留住吧！现在的青少年们是永远见不到了。口述历史就像黑白纪录片，真实但不绚丽，生动却不令人激动，它会引起你的联想，引发你的思考，最重要的是它忠实地记录了住过石库门的人们的生活轨迹和印记，是上海这座城市活的历史，这些文字可能有些会发挥重要的佐证、线索或是启示，也是很好看的文字记叙，我觉得做得很好，要做下去，会有更好的结果。

阮仪三

2013.8.16 酷暑月中

石库门常识

石库门源流

1843年，上海开埠后，因通商和战乱，租界人口骤增。脱胎于英国伦敦的毗连式住宅，毗连式木板简屋和毗连式砖木结构里弄住宅最早出现在上海。

1870年砖木结构的石库门住宅诞生，其总体布局采用横向联列和纵向联列的组合。既像江南城镇民居住宅的"避弄"，但又吸纳了欧洲联列式住宅布局的手法，单体平面接近于我国江南传统的三合院形式。

石库门名字的由来

石库门最显著的标志是石条门框的黑漆大门。上海话中，用一种东西包套或收束另外的东西称作"箍"，比如用铁圈包箍的木桶，于是有人说，石库门得名于石条门框，它就像套在大门上的箍。石库门本来就应该叫"石箍门"，"箍"、"库"在上海话中音相近，以讹传讹，约定俗成就叫成石库门。

老式石库门

砖木立帖承重结构的毗连式住宅，吸取了欧洲联列式住宅的毗连形式，每一单体则脱胎于传统三合院门埭改为石库门。前院设置天井的三间二厢建筑，它的围墙较高，与檐口相齐，每一单元的两端，砌有各类风格山墙，屋面铺青色蝴蝶瓦；客堂前设落地窗，厢房分前后两间，客堂铺方砖，天井铺石板。这种住宅天井小，围墙高，间距狭小，采光通风差。典型住宅有太安里、丰乐里等。

新式石库门

保持了老式石库门住宅的形式，逐渐采用砖墙承重，甚至部分采用混凝土构件和新材料。总平面布置更加注意朝向，弄堂宽度放宽至4米以上，适宜汽车通行。住宅屋高降低，但楼层却由二层增至三层。外墙一般改为清水墙，石库门框改为汰石子，采用斩假石材料。室内开始装有卫生设备。房屋结构大多以砖墙承重替代立帖式结构。新式石库门里弄住宅比较典型的有瑞康里、春阳里、四川里等。

广式石库门

总体布局排列为行列式，呈单开间毗连。在单体平面上去掉了石库门及前天井，总进深相应减浅。平面布置设前客堂，层高为二层，底层在3.3米左右，二层在3米左右。后侧有单层灶披间，结构、用料比石库门里弄住宅差些。

砖木结构立帖式。正面为板窗，底层正中有两扇木板门，左右开木板窗，二层正中开一小板窗（后改用木格玻璃窗）。蝴蝶瓦屋面，人字形屋架。地坪用泥土夯实（后改水泥地坪）。宅内设施简陋，仅有水电，局部住宅有煤气；一般二三户居民合住一幢。典型住宅有鸿安里等。

天井

天井是中国民居庭院的缩小版。在"寸土如金"的上海不可能留出大面积土地作为庭院，只能在建筑密度很高的石库门住宅中留出一块小天地。

天井的主要功能是改善石库门的通风采光条件，弥补弄堂狭窄的缺点；提供住宅内部露天活动的空间，使室内外空间有个自然过渡。虽然天井面积仅有10～15平方米，但是使客堂、前楼、厢房等部位都得到了较好的通风采光。

厢房

客堂和前楼的左右两侧部位称厢房。厢房的称呼源自我国古代的住宅建筑；早在元代王实甫的戏剧作品《西厢记》中，描写莺莺夜奔西厢房探望张生的爱情故事里面，就出现了厢房的名字。

厢房即是卧室，除了放床和衣橱外，还兼梳妆和书房间，所以在进深较大的厢房中做飞罩及挂落，起着隔断空间作用。为了美观和保留传统习惯，还常使用实木浮雕或透雕图案。早期石库门厢房一般都做飞罩及挂落，由于年久失修，现在很少保留。后期石库门住宅趋于简洁，不再做飞罩和挂落。

客堂

穿过天井迎面即是客堂。客堂是江南民居的厅堂演变而来。上海人称客堂为"客堂间"。

客堂一般建筑面积在15～20平方米，侧门连着厢房，后门连着扶梯间，是整幢房屋交通的"枢纽"。大户人家的客堂是几代人聚会、就餐和会客的公共空间，小户人家只是摆设八仙桌，主要功能是"穿堂"。有学问的人家，客堂是展示主人才能的场所，客堂墙上可以欣赏到主人悬挂的水墨画和书法作品。

灶披间

灶披间又称厨头间，最早老式石库门厨房是单层披屋，后来叫成灶披间。后单层披屋的厨房取消，改为底层厨房，二层为亭子间的砖混结构。上海人仍将厨头间沿称为灶披间。

当时一户一幢的石库门，灶披间设一个江南民居传统的灶头，自有了"二房东"后，住宅租给六、七家住户居住，灶披间每家一个煤球炉，墙上燻得满是油污。灶间内一个龙头几家用，常常发生争抢水龙头的纠纷，后设置每户一个小水表，总算解决用水计费问题。

亭子间

亭子间始于老式石库门后期阶段，自单层灶披间（厨房）改为二层楼房；底层灶披间，楼上为亭子间，面积不大，一般在9～10平方米。

亭子间租金便宜，许多"穷秀才"和经济收入少的小市民选择这样的房间。上世纪30年代，许多左翼作家都居住在石库门亭子间，于是便有了"亭子间文学"。

亭子间楼层低，与前楼、厢房错了半层，去亭子间要从扶梯半平台上跨三四个台阶，真有"夹缝中求生"的滋味。

通楼

石库门住宅居室排列的一种坐落位置，如：通客堂、通厢房、通前楼（简称通楼）。

通楼的地位，由于建造石库门住宅时进深尺度较大；一个楼层可分前楼、后楼之别。因此通楼产生，就是前楼、后楼一起的总称。

通楼又是一幢石库门住宅内主要的空间部位，往往是一宅主人的卧室，一般人不能入内。

晒台

在石库门住宅中，晒台不受住户占用部位的限制，是晾晒衣服、棉被的最佳地方。

晒台一般都在石库门住宅亭子间上面，由于是钢筋混凝土梁板的混合结构，因此比较坚固。由于后天井的位置不一样，有全开间晒台和半开间晒台，通达晒台的楼梯也各不一样，有活络木楼梯和正规木楼梯。

过街楼

二排房屋之间的连接体称过街楼。有二层，少数则三层，底层为空档供弄堂内人车通行。楼上内置卧室与隔壁单元连通，也有少数单独设铁爬梯登楼使用。

弄堂口设过街楼，既可以增加有效使用面积，又可以增加弄堂的标志性。过街楼一般都是混合结构，砖墙承重，梁和楼板为钢筋混凝土。由于弄堂口是视觉的注目位置，因此过街楼成为重点装饰部位。底层空档的装饰有半圆拱圈，立面装饰西洋花饰、线条；拱圈上面是过街楼重要部位，镶砌弄堂名称的地方；高出檐口砌筑的女儿墙也是装饰的重点，有三角形、拱形、水平形等，上面有精雕细琢的西洋图案，有的在女儿墙下方还表明建造年份。

老虎窗

1920年左右，上海纺织厂的屋架兴起用锯齿形，作为采光与通风口。19世纪30年代后大批人涌入上海，由于石库门住宅紧缺，于是搭建三层阁楼，阁楼无窗墙，只能在屋面一侧开洞，搭建锯齿形气窗为采光和通风口，俗称老虎天窗。

大门铜环

旧时大门的铜环，有两种形式，一种安装着像铜环形状的底座，底座当中镶着小铜环，小铜环衔着大门；另一种是底座做成虎首或狮首造型，给人一种庄重威严的感觉。虎首或狮首两侧有横孔，门环就穿在横孔里，。客人用铜环叩敲底座，会发出叫门的响声。

门楣

石库门门头装饰的重点。由于受到西方建筑影响，一般采用半圆弧形或三角形山花图案装饰，后来逐渐改为长方形，它是石库门住宅建筑中最具有特色的文化符号。

山墙

石库门建筑的侧面，其立面由裙肩、上身和山尖三部分组成。山墙处于每行列石库门的两端，总弄和或支弄入口处最显眼的地方，因此为建筑师关注和下功夫的重要部位。

山墙上端的装饰通常十分精致，无论是装饰图案还是花卉图案，很容易成为人们的第一视觉印象，改变了石库门立面千篇一律的呆板形象。

总弄堂

总弄是里弄的交通干道，是石库门里弄最大的公共空间。总弄的空间由毗连的石库门住宅山墙的间距或石库门住宅前门与对面住宅后门的间距所形成。

总弄是里弄建筑风格的展示空间。狭窄的弄堂里，一幢幢房屋挤在一起，很难看到房屋的全貌。有了总弄较宽阔的空间，错落有致的房屋山墙，山墙两侧略低的厢房侧墙檐口、亭子间侧墙檐口，以及水泥压顶线条，形成了石库门弄堂独有的建筑风貌。

支弄堂

支弄是总弄的分支，犹如树枝状分布到各幢石库门的前后出入口。支弄的弄堂宽度一般在3米左右，很狭窄，车辆无法进去，若遇火灾损失很大。支弄狭窄的原因是房地产商通过提高建筑密度，来谋取最大的利润。

虹口石库门里坊介绍

吴兴坊（老式石库门里坊）

霍山路144弄，建于1910年，典型的老式石库门里坊住宅。弄内共有32幢住宅，总建筑面积为2400平方米。

住宅呈现浓厚的传统江南民居特色的小青瓦、白粉墙，入口门头门框上刻有一对"石雀替"，配黑漆厚木门扇。单元布局为三开间平面，小天井，落地长窗，二层砖木结构。门楣采用西洋山花装饰，建筑细部处理开始模仿欧美处理手法，建筑风格趋向西化。

余庆坊（老式石库门里坊）

四川北路1906弄，建于1910年代，典型老式石库门里坊住宅。弄名以"吉庆有余"之意命名。

街面为三层混合结构楼房14幢；各支弄为二层砖木结构住宅172幢，共计186幢；占地面积1.3万平方米。建筑总面积2.25万平方米。

建筑总体上采用联排式布局，单体平面采取中国传统三合院模式，结构仍为传统的砖木立帖式。立面为清水砖墙，山墙一侧为白粉刷，底层墙隅置石材护墙角保护墙体，十分坚固。门头装饰简洁，门楣用几何体块造型，颇具新意。

丰乐里（老式石库门里坊）

四川北路1999弄，建于1916年，典型的老式石库门里坊住宅。弄内为二层砖木结构，单体行列式排列的住宅108幢，建筑面积9000平方米。

建筑立面为清水青砖嵌红砖带饰，层间有线脚装饰，人字形屋架，铺机制红平瓦。山墙下一对弧券形木质玻璃窗。门头造型简洁，为拱形门楣，砌砖横匾，显现出老石库门里坊住宅的秀丽典雅。

太安里（老式石库门里坊）

海南路82弄，建于1910年，弄内有二层砖木结构住宅21幢，建筑面积1500平方米。

住宅结构为传统的砖木立帖式；山墙立面多为石灰粉刷，形式仍留有较强的江南民居风格的影响。门头细部装饰刻一对"石雀替"，采用高浮雕手法雕刻，构件起伏大，立体感强，虚实对比鲜明。

金恩里（老式石库门里坊）

霍山路315弄，建于1926年，弄内二层砖木结构住宅8幢，建筑面积为885平方米。

该弄建筑排列有序，单元平面结构脱胎于传统的三合院模式，对称布局，在纵向布置上，有一条明显的中轴线。这种单元布局基本满足了中国家庭的传统生活方式和居住观念，节省土地，适应城市空间条件。

鸿安里（广式石库门里坊）

鸿安里（北弄），武进路541弄，建于1905年，由天主教会投资建造。它与一般石库门里坊最明显的区别在于它不设天井和石库门门头。

弄内二层砖木结构住宅252幢，建筑总面积14933平方米。住宅总体是呈联排行列式，单开间门面；后面有单披厨房、蝴蝶瓦屋面，正面为板墙。底层中间开两扇木板门，两侧开木板窗，二层中间前楼也设4扇木板窗。地坪用泥土夯实（今改用水泥地坪），是标准经济型里坊住宅。

瑞康里（新式石库门里坊）

海伦路429弄，建于1928年，由日商日光公司投资建造。二层砖木结构（局部为三层），沿街建筑为街面房屋。

住宅除了设厨房、亭子间和晒台外，建筑立面采用水泥粉刷，天井围墙仍用清水青砖砌筑立面。房屋间隔的支弄，均用砖发券支撑，增强了房屋水平方向的稳固性。

1

广兴里

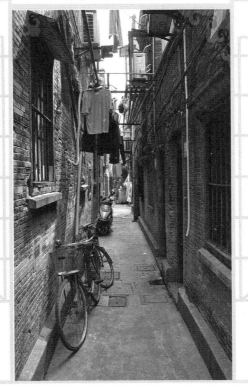

早上买菜"摆砖头、吊篮头"

林莉紫，64岁，塘沽路597弄19号（广兴里）

　　我们广兴里门牌号双号是4号到16号，单号5号到21号，其余都是街面房子。我住在19号的三层阁，还算比较大的，廿几个平方米。听说当时19号整幢房子，都是我公公用三根"大黄鱼"（金条）顶下来的。以前家里人少，把空余的房间借给人家住，结果竹篮子打水一场空，后来再也收不回来了。

我公公一共生了7个小孩，三个儿子，四个女儿，现在公公婆婆都过世了，只有我们一家住在这里，房屋很紧张，户口一共有7个人，两房媳妇和小孩。广兴里广东人较多，我公公就是广东人，他在杏花楼当大厨，烧广帮菜的。我谈朋友的时候，每个礼拜到我朋友家里去，公公专门烧广东特色的香肠炒饭给我吃。我公公生活习惯很怪，一天只吃两顿饭，早上十点钟一顿，下午四点钟一顿，每顿必喝老酒，下酒菜是话梅、橄榄、花生米等，一个人小乐惠。广兴里工人多，生活条件一般都比较差。房子相当紧张。21号一幢房子挤9户人家，几十个人住在一道，有点像滑稽戏《七十二家房客》里面的样子。

当时的武昌路很热闹，最有名的是596号的大隆酱油店，据说已经有80年的历史了，我过门后经常到这爿店打酱油。588号以前是棺材店，578弄口有一个小的烟杂店，弄堂对面有一家老虎灶，一般的买东西、泡开水，还是比较便当的。

弄堂口的烟杂店还有公用电话，每到有电话来，管电话传呼的阿姨从弄堂口开始，边走边大着喉咙喊叫："张家姆妈，你儿子来电话了，说今天晚上不回来吃饭了！"或者是："李家伯伯，你外甥讲明天来看你。"弄得满弄堂人都晓得，没有一点隐私可以讲。

广兴里的灶披间是住人的，每家人家烧饭烧菜都放在房门口，住在后客堂的人家煤球炉子放在楼梯口，走路磕磕碰碰的，很不方便，经常会发生摩擦。整幢房子只有一只水龙头，早上双职工上班前，大家都抢龙头刷牙、洗

脸；晚上抢龙头淘米、洗菜、洗澡，为此经常吵相骂。小时候穷，小孩发育了没东西吃，一般人家都熬猪油给小孩拌饭吃。

　　买菜是最有趣的，凌晨三点钟出门，自己排队不算，还都隔壁邻居摆砖头、吊篮头。小商小贩像泥鳅一样，从早到夜穿来穿去。天热了，屋里热得像蒸笼，汗流浃背，根本没办法睡觉，要想凉快就出去抢地方。我的两个小孩，天热一到晚上六点钟，就拎一铅桶水到武昌路去抢地方，先浇水把要睡的地方浇浇凉，然后铺席子睡觉。有时候抢不到地方，最远跑到邮政大楼和新雅大酒店去乘风凉。以前弄堂治安很好，几十户人家都非常熟悉，进来一个陌生人，大家都会主动上去盘问，所以小偷很难下手。红白喜事，整条弄堂里都会送点人情。

2

恒丰里

住在山阴路，讲话也文绉绉的

陈华章，86岁，山阴路69弄89号（恒丰里）

　　我是1950年搬进山阴路恒丰里的，当时上海刚刚解放。恒丰里房子的房产，公私都有。我家是用小条子顶下来的，大概相当现在的五六千元左右吧。刚搬来的时候，人家不多，住在这里的人，一般经济条件都蛮可以的。解放前，主要住户是知识分子、高级职员、医生、远洋轮上的船长。解放后，上海海军的首长住了进来。我们隔壁弄堂，是一排联排式的石库门，犹如接受检阅的士兵排着整齐的队伍。后来才晓得其中91号是中共江苏省委旧址。现在那儿楼上楼下也都住满了人。

　　我们弄堂里的人一般都不大串门，不说些家长里短的，因为居民都是比较有文化修养，一方面很注意保护自己家的秘密，另一方面也不去贸然打听别人家的事。刚搬来的时候，山阴路非常安静，别看它只有600多米长，在虹口区名气很响。街道两旁都是梧桐树——早先种的都是白杨树，上世纪70年代初，"文革"期间，白杨树突然被拔掉，种上了一人多高的梧桐树——晚上树荫婆娑，散步非常悠闲自得。

　　这条路曾住过很多文化名人，如鲁迅、茅盾、瞿秋白、赵家璧、刘良模等，文化气息很浓。有时出去，自己与别人交流，讲话也是文绉绉的，好像山阴路出来的人应该是这样的。我想，这不算是酸文假醋，应该叫近朱者赤吧。

　　小时候弄堂里小商小贩不太多，有时偶尔在晚上听到传来的叫卖声，像唱歌一样，蛮好听的。我这个人小时候很死板，不大出去玩，但是，看到不少小孩在弄堂里滚铁圈、跳橡皮筋，心里还是痒痒的，很想也加入进去。

　　据说这里以前是日本人的侨民区，住过很多日本人。抗战胜利后，他们都回日本老家去了。我搬来的时候房间里还铺着榻榻米，窗玻璃上贴着防空的米字形纸条。

　　好多年来，山阴路上不通公交车，直到前几年，848路公交车开进来了，但与附近的其他马路相比，山阴路算是比较安静的，马路两旁没有高耸的大楼商厦，大都是清水红砖墙的三层楼房，有点陈旧了，但仍保持着我前面说到过的文化气息。

　　山阴路西面有一条跟它平行的路，叫甜爱路，是情侣们晚上喜欢"荡马路"的地方。山阴路274弄这条弄堂，一头是山阴路，另一头通甜爱路，往往是情侣们逛过甜爱路后，从274弄后弄堂横穿过来，弯到山阴路的万寿斋吃夜宵，那爿店的三鲜馄饨，被人称为最具"上海味道"，光顾的人很多。

3

四达里

一个手势，就晓得去啥地方了

顾松茂，77岁，山阴路57弄42号（四达里）

　　我是1950年住进四达里的。四达里大多数住的都是比较有铜钿的人家。老早底汽车比较少，三轮车和黄包车多，每天早上四达里门口，一辆一辆的，排满了等候的三轮车和黄包车，弄堂里的人都是老客户，一般招呼都不用打，客户做一个手势，车夫就心知肚明，晓得到啥地方去，客户上车屁股一坐下来，车夫踏了或拉了就跑，默契不得了。

　　老早底住独幢房子的人家比较多，但是隔壁邻居还是蛮熟悉的，打打招呼。现在不对了，搬来搬去，邻居都不晓得叫啥格名字，陌生得很。

4

会元里

当时的百官街没有店铺

许庆麟，67岁，乍浦路313弄32号（会元里）

    313弄有三条横弄堂，从4号到32号。也不晓得啥道理，1号到3号没有。每条横弄堂，有8个门牌号，其他门牌号在原来的乍浦路那里。313弄原来是从乍浦路进来的，百官街三个弄堂都有铁门锁住的。

    1958年大炼钢铁，把百官街那三个弄堂的铁门拆掉去炼钢铁了。那几个铁门做得很考究，也很厚实，是由一朵朵浇铸出来的镂空铁花图案构成的，一下子进了化铁炉，真的可惜了。

后来由于乍浦路搞美食街，乍浦路的弄堂口给饭店堵死了，所以我们现在都从百官街进出。我的爸爸妈妈和弟弟，是1947年左右搬进来住的，当时我还在乡下，我是1949年到上海的。

　　32号一共住了四家人家，我家住在底楼。会元里住了很多英国热能公司的职员，还有许多小老板，我的父亲解放前在十六铺码头开了一个鸡鸭行。1956年一场大火，把十六铺码头所有的店铺都烧得精当光，所以1958年，他被安排到上海食品公司工作。

　　我住在这里的时候，弄堂里的人不多。这里的住户，生活水平都在中等以上，由于大家不太熟悉，所以我们弄堂里的人不大串门。1958年大跃进，一起炼钢铁，才开始互相搭讪，慢慢走动。夏天我们乘风凉一般都到百官街。当时的百官街没有店铺，也没有车辆，人很少，整条百官街都是会元里的居民躺在那里，悠闲自得。

　　1949年我六七岁的时候到上海来读书，1961年在上海警备区当兵，1966年转业到山东济南第一机床厂工作，2004年退休后又回上海来的。

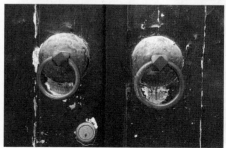

　　小时候在会元里生活长大。我们从小玩的主要是刮香烟牌子、打弹子、钉橄榄核等，稍微长大一点，喜欢到昆山公园去斗蟋蟀。现在想想也蛮好白相的。一大群人围着个小小的蟋蟀盆子，看两只蟋蟀捉对儿厮杀。往往要分好几个回合，才能决出胜负。胜了的蟋蟀亮开翅膀"嘼嘼嘼"地叫，输了的落荒而逃。很刺激的。

　　"文革"前小商小贩还是很多的，主要的有卖糖粥、卖檀香橄榄，还有许多挑着篮头卖蔬菜的菜农，上午最多，下午到晚上不多。

　　吵架的事是经常发生的，弄堂狭窄，每家人家都在石库门门口堆放东西，有时候放过了一些，就会争吵，也就是小吵吵，"君子动口不动手"，不会撸起袖子管动粗的。

　　现在弄堂里每户人家，都自己装了抽水马桶，还剩一家没有装。我们以前打电话很不方便，传呼电话在解放剧场隔壁的一个弄堂里，传呼一个电话要兜一个大圈子。现在家家人家都装电话了。

5

景云里

我家住在鲁迅先生住过的地方

顾善汶，74岁，横浜路35弄23号（景云里）

我是1953年跟着父亲，住进景云里23号的。景云里这条弄堂位于横浜路35弄，它西面通宝山路，东面靠近窦乐安路（现在的多伦路），因为当时横浜路属于闸北，所以那时候的景云里，还是叫闸北景云里。这个辰光我大约十五六岁，在读高二。景云里的三排石库门都是邮政局的房产。我的父亲是邮政局搞人事的。当时邻居要么是邮政局（管信件包裹），要么是电报局，还有就是邮电局（电讯电话）的。

我们当时搬进来住在23号二楼，底楼是仓库。国民党撤退时，把仓库里的东西都搬走了。刚来的辰光底楼空荡荡的。我有时去玩，看到墙壁上竟挂着一幅鲁迅先生的肖像画，当时的感觉非常诡异。

　　1956年，华东局文管委唐弢（当时担任上海文化局副局长）到景云里考察，他曾是邮政局的职员，写杂文的，据说是鲁迅先生的学生。到了上世纪60年代，上海鲁迅纪念馆也带人来这里考察、参观。后来才知道是鲁迅先生和许广平，1927年到上海来后，就住在这里23号的底楼，所以墙壁上会有鲁迅先生的像。二楼有一个亭子间，听说鲁迅先生在这个亭子间写过很多文章。

　　景云里的石库门是三层楼的，煤卫设备到现在都没有，生煤球炉，用马桶。老房子有老房子的好处，楼上楼下相处了几十年，有个头疼脑热都叫得应。

　　景云里建造于1925年，鲁迅先生搬来的时候，这里才落成不过两年，房子应该是比较新的。不过鲁迅先生更看重的是周围的环境。原来，鲁迅先生的三弟周建人，当时已住在景云里，而周建人的邻居，是叶圣陶和茅盾。自家的三弟，加上自家的老朋友，所以鲁迅先生马上决定搬来了，而且一住就是2年。他们的儿子周海婴，也是在景云里出生的。

6

正兴里

一张张小饭桌搬出来吃饭

曹沪生，67岁，新广路251弄34号（正兴里）

　　我是1947—1948年搬进正兴里来的。这是一幢两户人家的老石库门房子，我们当时住在底楼，这是我的父亲用三根条子顶下来的。1963年我去了新疆，上世纪80年代初回沪，仍旧住在底楼的老房子。

　　我们这个弄堂，一共有40多户人家，总弄石库门分左右两排。听我父亲说，这里的房子分别是由两个兄弟造的，哥哥比较有钱，所以靠右边的房子楼层就高一点；左边弟弟造的房子楼层要低一点，因此左边的房子不能做假三层。

当时，居住在这里的工人和小职员比较多，生活条件一般比较差，所以相对说文化素质也不高。刚住进来的时候，房子没有老虎窗。现在人多了，挤在三楼的，差不多都开了老虎窗，采光通气。

新广路地势比较低，以前每年一下暴雨，弄堂里就会发大水。1950年2月初，国民党飞机轰炸虹江路小铁路，声音很响，小辰光不懂事，我们轧闹猛赶快去看。过了几天，上海的一些大、中学师生，到我们弄堂里来宣讲，揭露国民党暴行，讲解防空知识，才晓得这次轰炸，国民党空军出动了10多架飞机，在上海掼了60多颗炸弹，造成虹口许多地方断水断电。这次宣讲后，碰到有情况，我们弄堂老过街楼的警铃一响，大家都赶紧跑出家门，疏散到过街楼下。

由于房子小，过去每家人家吃晚饭的时候，除了天太冷，或者刮风下雨，一般都在小弄堂里，搭桌子吃饭。我至今还记得当年夏天，吃夜饭时，弄堂里摆满了一张张小桌子，桌上放几只小菜，落苏（茄子）、

番茄、蚕豆、丝瓜、冬瓜咸肉汤，吃老酒的男人，搛一筷子小菜，抿几口小老酒。一些家境差不多的主妇在暗暗较劲，比谁家的小菜好。那时买熟菜很有面子，如猪脑子、猪头肉、等等的。比了小菜后比点心、绿豆汤、地栗（荸荠）糕等消暑点心各自端上来。

夜饭吃好后，桌子搬进去，床板、躺椅和竹榻搬出来，大家横七竖八地乘凉，因此，东邻西舍都非常熟悉。弄堂里来了陌生面孔，大家都会主动上前盘问，所以很少有失窃的事情发生。虽然邻里之间有时免不了要互相别别苗头，攀比攀比，但大体上关系还是很融洽的。

7

瑞庆里

东洋人不炸瑞康里

姚守洪，81岁，嘉兴路瑞庆里

　　1930年，我出生在嘉兴路瑞康里。1938年东洋人占领了瑞康里，1939年我们只能住到瑞庆里。当时的嘉兴路、哈尔滨路一带有五个都是以"瑞"字开头的石库门弄堂，分别叫瑞庆里、瑞源里、瑞丰里、瑞康里、瑞吉里。

瑞庆里1938年吃了东洋人的炮弹，靠近头道桥那里的房子，现在还残留着被炸后烧成焦炭一样的房屋空架子。瑞庆里27号前面，包括沿河都是废墟，后来搭了一些草棚棚。但瑞康里因为住的是东洋人高级职员，屋顶上插上了日本太阳旗，所以1938年，东洋人在虹口掼炸弹，别的几个里，瑞庆里、瑞源里、瑞丰里、瑞吉里，都挨了炸，瑞康里片瓦无损。

我当时住的房子，原先是一个老中医住的。1938年他逃走后，我们一家就住了下来。当时哈尔滨路头道桥、二道桥都拉起了一道道的铁丝网，从嘉兴路桥进来，都要向荷枪实弹、牵着狼狗的东洋人鞠躬，出示良民证，现在回想起来还怪吓人的。我记得瑞庆里对面，从前的嘉兴路

菜场，上面是菜场，下面都是踏三轮车、拉黄包车的停车点。据说这是当时上海四大黄包车车行之一，规模比较大。拉黄包车的人大多数都住在瑞庆里，后来住进了一些买旧货的、摊贩、手工业工人和舞女等底层居民，所以瑞庆里居住的人出身很复杂，收入水平都不太高。

抗日战争时期，东洋人经常半夜搞人口搜查，把瑞庆里的人都赶到菜场下面，搞得人心惶惶。1945年，东洋人投降了，大家都敲锣打鼓，欢天喜地，庆祝光复。1946年以后，瑞庆里附近出现了少有的繁荣。人心安定下来，市口就繁荣起来。我记得嘉兴路一下子出现了几十家和市民生活贴近的商店，譬如粮油店、理发店、澡堂、酱油店、豆制品店，

还有几十家烟杂店。嘉兴大戏院，又叫苏北大戏院，也一下热闹起来，因为这里苏北居民较集中，看苏北滑稽，听淮剧戏的人很多，看得高兴了，台下一片喝彩声。

　　1949年上海解放，瑞庆里分别住进了不少纺织工人、小学教师。现在不行了，弄堂里的老人故去了很多，小辈都在外面买房子住，空房子都借给了外地来的，所以人员越来越复杂，就算弄堂前后都有大铁门，还是经常会失窃东西。穿弄过堂的叫卖，在日本人和国民党时期大多数差不多，基本上都是火腿、粽子、茶叶蛋、芝麻糊等。现在不同了，叫卖的主要是收旧报纸和家用电器的。

　　我们小时候没有什么东西玩，主要玩的是在弄堂里溜冰车、打弹子、刮刮片、跳绳、钉橄榄核等。石库门弄堂里，最烦的是公共地方乱堆东西，弄堂里吵得最多的，大多数是为了堆东西占地方。你想一想，一幢房子住五六家人家，地方只有一点点，大家都要堆，免不了经常吵架。

8

吴兴坊

扛大包的青口帮弄堂

何根妹，82岁，霍山路吴兴坊

　　1945年4月我从苏州搬到这里住，一直住到现在。弄堂12号住过一个日本人，讨了中国老婆，这个日本人是开酱油公司的，我在他家里做保姆，主要是给他家烧饭。当时弄堂里穷人很多，我有时就多做点饭分点给穷人吃，所以我和弄堂里的人关系都比较好。日本人投降后，1946年7月，这个日本人带着老婆回日本了。

我的东家回日本，没生活做了。弄堂里一个清扫垃圾的人，通过他的亲戚介绍，我进了裕丰纱厂，就是现在的国棉十七厂做生活，一天工作12小时，六进六出，每天鸡叫起来，鬼（读音：jú）叫回来。早上四点，天一片漆黑，头上顶着星星月亮，我就要赶出来上班，因为隆昌路给日本人炸弹炸了一个大坑，有轨电车不能开，所以每天路上要走一个钟头，下班也是一个钟头，很辛苦的。我丈夫的身体不好，一家子要靠我赚钱养活。此前，在给日本人做保姆时，我还乘空当做"兼职"，就是到虹口港跑单帮，向苏北船老板送香烟和糖。有人对我说，卖烟糖赚不到多少钱，还是走私铜板吧。我就把两大串铜板紧紧地捆扎在身上，因为如果不扎紧，过关卡时给日本人发现，那可是性命交关啊。每次走私铜板回来，身上青一块紫一块的，几天下来没一块好肉，真是作孽啊。

我们家住的是一个通客堂，一共住了7个人，我、我丈夫、婆婆，还有丈夫的4个兄弟，挤得转身的地方都没有，就在天井里搭了个小棚棚。我们弄堂大多数住的都是从山东青口来的扛大包的码头工人，所以吴兴坊也叫青口帮弄堂。青口人都在汇山码头做生活，有时生活没了，就到公和祥码头做生活。吴兴坊当时只有一家知识分子，在银行里做的。我想他是在外面实在租不到房子，才将就住进来的。

弄堂里的石库门房子有100多年历史了，这里地势低，一到落大雨，弄堂里就像小河涨水，水没到膝盖，进出的人都要挽起裤脚管蹚大水。大人愁煞了，小人却开心得不得了，折叠了纸船，放到水面上白相，有的还拿只脚盆，坐在里面，在天井里划水。长期被水浸泡过的墙头，墨一般黑，酥得了不得了，发霉，一股霉味道直冲鼻头。

我住的这幢房子的亭子间，曾经住过一个广东人，抽鸦片的，后来生毛病死了，房东又将亭子间转租给一个姓严的人住。这个人很霸道，他把原来五家人家合用的灶披间，一拦为二，他占一半，另一半4家人合用，苦不堪言。

洗澡很不方便的，人在水斗旁边洗澡，要拉一块布头遮上，还要放开喉咙叫一声："我要洗澡了"，提醒人家。早上，家家都把煤球炉子拎到弄堂口生火，弄得整个弄堂都是烟雾腾腾，呛得人眼泪水都出来了。

弄堂里一天到晚都有收旧货、买旧东西的，"铲刀磨剪刀"、"栀子花白兰花"叫喊声不断。天好的时候，小孩都在弄堂里跳绳、打弹子、造房子。我记得24弄弄堂口，现在小江北的烤鸡店原来是一个犹太人开的小店，专门卖红肠、面包，这里犹太人以前很多，他们也很穷，拖家带口的，小囡穿得一塌糊涂，日子过得很清苦。

9

仁源里

街头店面多，手头钱不够

曹蕙芳，78岁，临潼路320弄9号（仁源里）

　　我是1949年因为结婚搬到仁源里的，当时住在7号，我和我老头住在前楼，后楼住的是公公、婆婆。我的老头在美孚石油公司，当时美国人在上海开的分公司工作，1950年初分公司解散。我们的房子是公公用条子顶下来的。

　　住在我们弄堂里，有拉黄包车的，扛大包的，大多数都在巡捕房工作，就是在马路对面的外国牢监做的——现在叫提篮桥监狱——住在亭

子间董德保的父亲，还是当时的"三大头"，"三大头"是一种警衔，大概算是小头目吧。

当时一幢房子住七到八家人家，二三十个人，弄堂里一天到夜，小商小贩进出不断，有一个卖盐的，一边唱绍兴戏一边卖盐，声音忽高忽低的，很好玩。还有浦东人挑着担子，叫卖白切羊肉的。

仁源里是1925年建造的旧式里弄住宅，砖木结构，弄堂小、屋里厢轧。一到夏天，整条弄堂里，争相抢空地方乘凉。当时，长阳路临潼路都是小摊贩，卖水果、卖杂货的，到处都有。裁缝店开了四家，剃头店两家，面店一家，沙发店一家，板箱店两家，老虎灶一家，烟杂店两家，还有一家是外国侨民开的面包店。那时候生活交关方便，整个街面房子都是店家，想买啥都有。但当时手头里上钱不多，只能精打细算地用。

　　据我了解，现在弄堂一共有36户人家，除了10户人家住的是老人，其余的都借给外来的四川人了。这些四川人，男的做快递，女的给人家做钟点工，他们很能吃苦，起早摸黑地辛勤工作，只想多挣点钱，寄回四川老家去。现在弄堂里的生活环境还是比较差的，基本上还在用马桶，几十年也没有变。

10

临潼路320弄3号

仁源里的大户人家

周顺娣，77岁，临潼路320弄3号（仁源里）

266号的房子是一家张姓大族住的（张学忠住宅），听说这个房子是犹太人哈同造的，张姓的爷爷张学忠，是哈同的第一任总管，后来他离开哈同后，哈同就把这幢房子送给他了。

张氏娶了三房，11个小囡，住在这里的是大房。20世纪80年代，为了这个房子,张氏的第三代打过官司，房子都分掉了。现在住的都是第三代，约有七到八家人家，都姓张。这幢房子有两个大门，对着临潼路马路的一扇大门，进去是一个很大的天井，有东西厢房和客堂间，厢房的门、窗、楣、扶栏等都有镂空雕花，很有艺术品位。

由于家族矛盾，一般张氏家族的人，都不大与外人往来，所以里面的很多情况，我们作为外头人不大清爽。

11

舟山路350弄

弄堂叫卖声糯糯的很好听

余翠菊，87岁，舟山路350弄

　　1946年，我23岁，和先生搬到这里21号，刚搬进来的时候，是两家人家合住的，一共用8根大条子顶下来的。当时门口是烂泥路，前面还有一条小河浜流过，有点乡下头的味道。我先生早年在锦江饭店附近的一家机器作坊当学徒工，学成后到电力公司工作。搬到这里来后，东凑西借筹了一些钱，自家开了一个机械作坊。设备有冲床、模床、刨床

等，用了两三个学徒工，后来有了一些小规模，学徒扩展到10个人。上世纪50年代，公私合营，并给了沪东机床厂，这个厂一共由14家私营小厂作坊组成，以制造金属切削机床为主，在当时比较有名的。

我们的房子里，住了8个人：我、丈夫、婆婆、小叔子和我的4个儿子，算是三代同堂。我婆婆在南洋烟草公司做生活，我14岁就进香烟厂上班，一直做到退休。

我们刚搬来时，前面有很多空房子，不少日本人、犹太人都在这个地方住过。我们弄堂里住的大多数是宁波人，主要以帮人家打工为主。弄堂口靠东余杭路这一带石库门，住的大多数是拉黄包车、踏三轮车的人。早年弄堂里很热闹，从早上到晚上九点，摊贩进进出出，叫卖"糯米热白果"、"桂花赤豆汤"声不断，声音脆脆的，糯糯的，老好听的。每月月半前一天晚上，就有叫卖长锭的。

弄堂里每天一早，最早的叫声是叫倒马桶。我还记得当年有一首歌，歌名好像叫《讨厌的早晨》，金嗓子周璇唱的："粪车是我们的报晓鸡，多少声音都跟着它起。"不瞒你说，我们现在还在用马桶呢，不过不是老早底的木马桶，而是都改用瓷马桶了。为啥呢，因为现在木马桶坏了，你到哪儿去找箍桶匠啊？

弄堂里112号过街楼下，有个摆小书摊的，竖起几块长方形的木框板，板上再钉上一根根木架子，架子上摆满了连环画小书，一分钱可以租看一本。我两个小孩，每逢看到新添了小书，就要问我讨小分币。后来摆小书摊的为了多赚钱，把一本小书拆成二本、三本。弄堂里还有放西洋镜的，又叫"拉洋片"，"拉洋片"的人一来，小孩就吵着问我要钞票去看，看一次两分钱。

　　舟山路以前马路很通畅，人不多。现在都是外地来的小商小贩，人多得不得了，路都不能走。

　　我们弄堂里，228号老早底是印度教堂，我们这一带是英美公共租界，美国人招募了一批印度"红头阿三"管马路，因为他们头上都包裹着一块红布头，所以上海人叫他们"红头阿三"，还有我们附近一些酒店拉门的服侍生,也都是"红头阿三"。这些印度人在我们弄堂设了一个印度小教堂。后来印度人回去了，小教堂做了学堂。现在这幢房子住人了。

12

余庆坊

胡蝶在这里住过

束天民，80岁，四川北路1906弄（余庆坊）

　　我是1960年8月从南市搬来的，因为父亲在虹口东江湾路工作，于是就举家搬到靠近工作单位地方。我父亲是高级职员，当时用十几根条子，把整幢房子顶下来的。

　　我是南通人，在农村读了半年书就工作了，后来行业转移到上海，我也来到上海南市，做过营业员，做过出纳，后来老板推荐读金融专业，准备培养我，因家庭成分不好，读出来后，没有安排我做会计。

　　余庆坊是1926年造的，大约有172幢石库门。余庆坊的住户，基本上是工商业人士、知识分子、公司职员、自由职业者和工厂工程技术

人员，生活条件比较富裕，一般都是住独幢的，据我知道一幢房子一户人家，大约有5～7个人。邻居一般不大往来，相处得比较谨慎。

只有过年过节很闹猛，弄堂里经常看到走亲访友的人，拿着东西拎进拎出的。

上世纪二三十年代，日本海军陆战队司令部在虹口，据说很多海军陆战队下级军官的家属，曾住在余庆坊。我当时搬来的时候，还有榻榻米。近几年日本人常来这里寻亲访故，拍照怀旧留念。听说影星胡蝶在这里呆过，但具体怎么样，我也说不清爽。

余庆坊靠四川北路，环境很好，闹中取静，但是现在大多数人家还在用马桶，极不方便。

13

南北丰乐里

夜里开门睏觉

韩连生，83岁，四川北路1999弄81号（北丰乐里）

　　我是在1945年抗战胜利后搬来的。当时丰乐里石库门一条弄堂有9个门牌号头。我15岁在茂昌蛋厂做生活，老板用大条子顶下这条弄堂的两幢房子后，再分给我们厂里的职工住。

　　我记得刚刚进来的辰光，房子里还保留了日本人的装饰，榻榻米和落地窗，烧饭还是用自己砌的砖头大灶头，烧柴爿。到了解放初，才开始烧煤球炉子。

我记得上海解放前，靠北四川路和多伦路的弄堂两头，都是用木栅栏做大门，听讲是为了防止国民党军队撤退时抢劫。丰乐里住的人比较复杂，我晓得有工人、职员、老板、小开、中学校长、医生，还有国民党军队的一些人。

　　住在丰乐里的人，总体素质还是比较好的，大热天每家人家都会将石库门前后的门打开乘风凉，从来没有发生过偷盗。用一句文绉绉的话来讲，叫做"夜不闭户"吧。现在生活条件不错，就是设施改造不大，现在还在用马桶、痰盂罐。

14
德裕里

大火表贴字，吵得面红耳赤

陈彩仁，93岁，东余杭路541弄59号（德裕里）

1937年我19岁的时候，住在商丘路。21岁经人介绍，搬到了现在的东余杭里59号。59号住着五户人家，有三四十口人，我们这幢房子里一共有五个做油漆工的，老头子也是做油漆工的。

我们住在后楼，后楼只有7、8平方米。当时住着我和老头子、婆和两个小叔子。后来我有了小孩，两个叔子就自己找到房子，搬出去住了。

我一共生了四个儿子、两个囡，没办法住，就搭了一个二层阁。一张大床，我、老头子和婆睏在一道，两个囡睏阁楼，四个儿子在大床下横着睏。屋里连放马桶的地方都没有，只好天天晚上放一只痰盂罐在门口，还经常被踢翻。当时我住进来的时候，弄内人不多。后来人都进来抢房子了。

　　家里负担大，上有我的阿婆，下有六个小人，靠我老头子一个人赚铜钿，是吃了上顿没下顿，我就帮人家绕手套，赚点小钱补贴家里。后来东洋人来了，控制了棉纱，生活没了，通过五马路（广东路）小姐妹介绍，到苏北船跑单帮，送糖、送烟，每天只有两三角收入，后来还卖过肉，背过米。当时东洋人搞什么"户口米"，配发的米里一半是小石子，所以我们就背米来贩卖，这是东洋人绝对禁止的，曾有人在背米时，碰到东洋兵检查，他转身就逃，结果被一枪射死了。当时去背米，可以说是冒着生命危险的，但为了养家糊口，也豁出去了。

　　解放后生活好转。年轻的时候没文化，上世纪50年代初，进扫盲班扫盲后，在里弄里做，当过妇女主任，做过陪审员。以前弄堂里只有两家烟杂店，小商小贩天天从早到晚叫卖东西，喊声不断，烦也烦死了，但是生活是交关便当的。

　　弄堂小，人多，好几家人家只有一只大火表，每个月算电费伤脑筋。当时的办法是按你家有几盏灯，把这几盏灯的功率，乘上每天用几小时，再乘上天数来计算，每天的开灯多少小时，由你自己报，所以这种办法很不精确，往往跟大火表的抄表数，差距比较大，这个差距，要由几家人家分摊，叫做"大火表贴字"。为了用灯多少，贴字多少，几家人家经常争得面红耳赤。后来每家人家都装了小火表，矛盾才得到缓和。

15

集贤里

解放军睏在马路边

倪美霞，73岁，东余杭路598弄13号（集贤里）

　　我是两岁随父母，从南通来到上海的，住在集贤里13号，一直到现在。当时就住在亭子间。我的爸爸做会计，母亲在家里做家务。

　　当时我们住的时候，弄堂人很稀少，住在集贤里的大多数人家的经济状况属于中下等，没有特困的人家。我们总的弄堂有五条支弄，每支弄有18户。弄堂里的人，大多数是帮人家打工的。一幢房子基本上住三家人家，现在很多房子都借给新高阳市场卖菜的外来农民住了。

住在弄堂里的人，因为大多数是"上班族"，平时邻居很少来往，所以我们弄堂里的是非很少，大部分人的文化程度都是初、高中。天热的时候，弄堂里没有人摆竹榻，乘风凉一般都到马路上去，我们当时集贤里沿马路是很闹猛的，开了很多店，有银楼、私人诊疗所、五金店、米店、酱油店、铅皮匠、老虎灶、豆腐店和裁缝店，现在基本上都没有了。

　　12岁那年，上海刚解放，枪声渐渐消失了。早上我走出弄堂，看到马路边上，都是解放军睡在那里。他们垫着麻袋，枕着枪支，睡得很香。跟国民党军队动不动就抢老百姓的东西，真的是差别太大了。什么叫人民的军队啊，这就是最好的例子。

16

岳州路149号

弄堂口卖辣白卷心菜

陆燕，66岁，岳州路149号（奚姓住宅）

我们家四代人，都住在这条岳州路上。现在我舅舅还住在129弄2号，今年已经93岁了；我的婆婆和公公，都已故世，如果活到现在，应该也有九十七八岁了。我现在住的149号，是我公公和婆婆年轻时结婚的辰光买下来的，听我公公、婆婆以及舅舅说，这里的房子已经有100多年的历史了。

据他们说，当年的岳州路相当冷清，没有车子，很少行人。他们当时住在楼上，楼下面是一家工厂。现在弄堂石库门外面，都高筑起了围墙，再破开墙隔成一家一家的店铺，做生意了。

　　我们弄堂里基本上都是做工的，也有个别当小老板的。贴隔壁陈先生是浙江义乌人，已经90多岁了，大学生，在上钢三厂做会计师。再隔壁黄先生是无锡人，开工厂的。上世纪70年代底，黄先生的女儿从香港回来，带来了录音机和电视机，当时整个弄堂都羡慕死了。这台录音机只要一放邓丽君的歌，我们都从窗口伸出头去听。心里想，不知什么时候我们家也有一台，那该多好啊！不过黄先生一家人蛮大路的，逢年过节，他们会把电视机搬到弄堂里，让楼上楼下的邻居们一起看节目。

　　现在生活好了，哪一家没有电视机、录音机？大家都无所谓了。如果黄先生和他的老婆活到现在，也应该有一百岁了。

　　我们这幢石库门楼上住了11家，楼下住了9家，当时楼下只有一只水斗，烧饭摆在楼下的天井和走廊里，我们二楼阳台和晒台空间很大，这是别的弄堂所没有的，后来大家都充分利用，在阳台和晒台上，各家商量好后，各自搭了小卫生间和小灶披间，倒也相安无事，没有发生过矛盾。149号石库门还有一个优点，就是楼道很宽，楼上楼下的人都把脚踏车放在楼道两边，权当停车棚。

　　我是上世纪70年代初搬过来的，我来时，听老人说弄堂里小商小贩不多，偶然会有"桂花赤豆汤"的叫卖声。当年大家的经济条件都不宽舒。

　　弄堂里有一个姓刘的常州人，为了接济生活，自己动手在缸里腌辣白卷心菜，放在弄堂口叫卖，三分或五分一卷。因为价钿便宜，味道也可以，过路的人都会停下来买，生意还蛮好的。

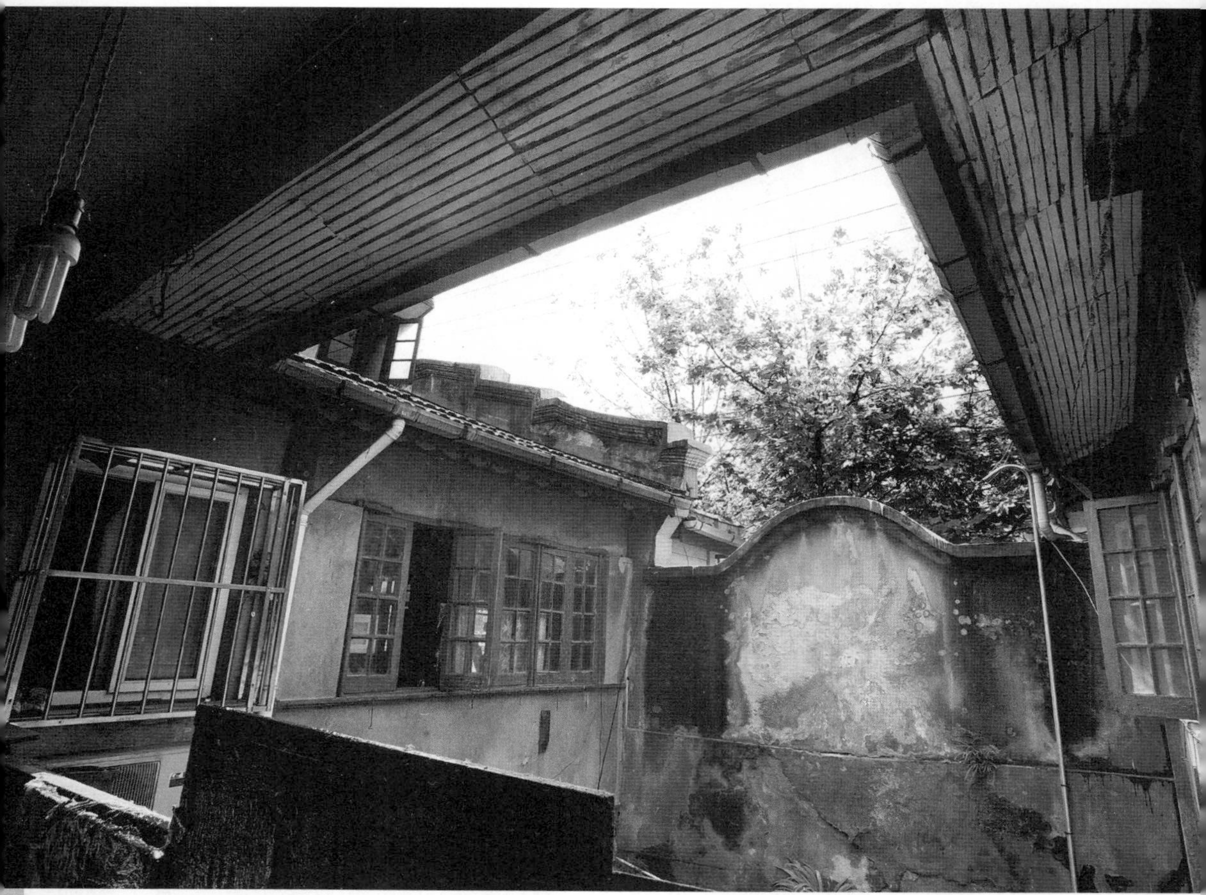

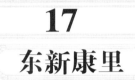

17

东新康里

乘风凉，抢地方去

魏剑萍，83岁，闵行路东新康里

　　上世纪50年代初，当时我的男朋友住在这里，我们是1956年结婚的，住的房子是一幢石库门的二层阁楼上。这幢房子原来是日本人开酒吧的，进门很低，当中高一点。听说以前东新康里都是日本人蹲的地方。我搬过来的时候，当时弄堂里都挤满了。住的基本上都是小老板，他们的店铺当时开在闵行路和塘沽路，闵行路一直到长治路，开的都是小五金店；塘沽路到峨嵋路，开的都是裁缝店、糖果店、洗衣店和饭店，其中德大饭店有点名气。

住在东新康里的独幢头房子比较多，我记得31号是独幢头的，39号也是独幢头，康家姆妈屋里也是独幢头。另一家独幢头，因为这家人家是做牛肉生意的，晒台、天井都可以晾晒牛肉。不过弄堂里也有一些石库门房子，住四户人家，楼上两户，楼下两户。他们为了楼道和灶披间的公用地方堆放杂物等琐碎事，经常会吵得面红耳赤。其中有一家住二楼的，在人家底楼的天棚上搭了个灶披间，每天污水滴滴答答漏下去，于是两家人家天天吵。我当时是里弄小组长，经常夜晚去处理这些纠纷，说得来是口干舌燥。回到家里，一口气喝了两大杯白开水，还不解渴。

　　弄堂里地势低，一到夏天雷雨季节积大水，水没到了膝盖，散发出一股难闻的水腥味道。我就发动大家，一起用篾竹爿捅阴沟洞，让积水慢慢地泄下去。

　　因为我们弄堂人太多，当时塘沽路的人较少，我们都到虹口一中心小学门口，铺席子乘风凉，有的辰光还到长治路上。碰到最热的天，都是从晚上睡到早上。我记得最有趣的一件事是，我有个小姐妹叫李小萍，有一次我和她两个人睡在弄堂居民食堂旁边，早上爬起来，李小萍满脸黑擦擦的，全是烟灰，面孔比包公还黑。乍一看，人家都吓了一跳。原来食堂早上生炉子，烟囱里冒出来的灰，一古脑儿地落到了她的脸上。

　　弄堂里从早到夜，都有叫卖声。老人都喜欢买檀香橄榄，逢年过节，有亲戚朋友串门，就用檀香橄榄泡茶，取一个讨口彩的吉利名头，叫"元宝茶"。

　　靠峨嵋路的弄堂口，有一家姓张的，人家叫他白癫痢，开了一家老虎灶，现在转给外地来的小山东卖蔬菜了。老虎灶旁边还有一家是白铅皮铺，我们的铅桶、钢精锅子、水壶什么的坏了，都拿到铅皮匠这儿去修，现在铅皮铺早就没有了。当年弄堂口还有一个公用电话亭，老早底一般人的条件都不好，家里都没有电话。电话都是打到公用电话间，然后由管电话的阿姨去叫人。小时候没有什么东西玩，女小囡踢毽子、跳绳子；男小囡打弹子、钉橄榄核子。

　　现在弄堂里老住户很少了，都在外面买了新房，搬出去住了，老房子就借给外地人住了。

18

西新康里

买一幢房子晒鱼干

王雅琴，76岁，闵行路232弄9号（西新康里）

　　1952年我结婚时，就住在9号，一幢房子住着我、爱人、公公、婆婆和姑娘（小姑子）。据说这里以前是日本人蹲的地方。我们为什么要买下一幢房子呢，因为我的爱人是做咸货水产品（黄鱼鲞、鳗鲞等）生意的，门一关，就是自家的小天地。天井和阳台，随处都可以晾晒咸干水产品。如果与别人家合用，就没这样方便了，因为咸货有味道，很容易"起头皮"。

西新康里一共有4条小的横弄堂，每条横弄堂里有12幢房子。这里大部分都在小菜场做工作，不少人就在距离闵行路百把米内的三角地菜场卖菜。另有几家做其他生意，240号是做裁缝的，242—244号是开盐行的，98号开煤球店的，236号有一家姓王的是国民党的伪区长。我们住的地段还是不错的，当时买油酱都是到吴淞路陶德酱油店去买。现在弄堂里老住户很少了，都在外面买了新房，搬出去住了，老房子都借给外地人了，3号、7号、13号、15号和17号，全部住外地人。

　　小时候弄堂里从早到夜，一直很闹猛的，穿来穿去的都是修阳伞、补碗的；卖檀香橄榄、桂花白糖粥的声音，叫得很有音乐节奏。小时候，我记得我们玩的主要是踢毽子，跳绳子、造房子，男小囡玩抽贱骨头（陀螺），抖抖铃（空竹）。

我们弄堂地势很低，一到热天下雷雨，每家人家都"发大水"。现在生活条件好了，开煤球店的老板娘还活着，大约九十五六岁了，够长寿的。

19
寿昌里

老户头要么过世，要么搬走了

严生娣，79岁，海伦西路285弄11号（寿昌里）

　　寿昌里只有两幢老石库门，14号和15号，原来弄堂口有寿昌里招牌的，现在没有了。有不少人到这里来拍照，但很难找到这两幢房子。现在这两幢房子的主人都搬走了，房子借给外地人住。

　　我是1953年搬到11号住的，一直到现在没有搬过，我们这里7号到13号，原来叫西安乐里，每幢房子基本上住两户人家，楼上一户，楼下一户，总的人口有六七十人。

我的房子当时是用人民币2 200元，从二房东处顶下来的，2 000元给房东，200元给介绍人。当时我们周围的邻居都是做工的，生活条件很一般，我和我丈夫两个人工作，要养活三个小孩和我自己的父母，生活负担比较重。

　　寿昌里和西安乐里弄堂很狭窄，天热的辰光，弄堂里摆满了躺椅乘风凉。现在老住户基本没有了，要么过世了，要么搬走了。我住在这里几十年，邻舍隔壁基本上不串门，退休以后才开始走动。弄堂里有红白喜事给人送礼，一般只限于跟自己熟悉的人。

　　我们住的地方虽然很挤，但是一般从来不吵架，公共面积，谁堆放什么东西，都分得清清楚楚。我们这里生活环境，到现在还是比较差的，一到早上大家都拎着马桶和痰盂出来清洗。

20

太安里

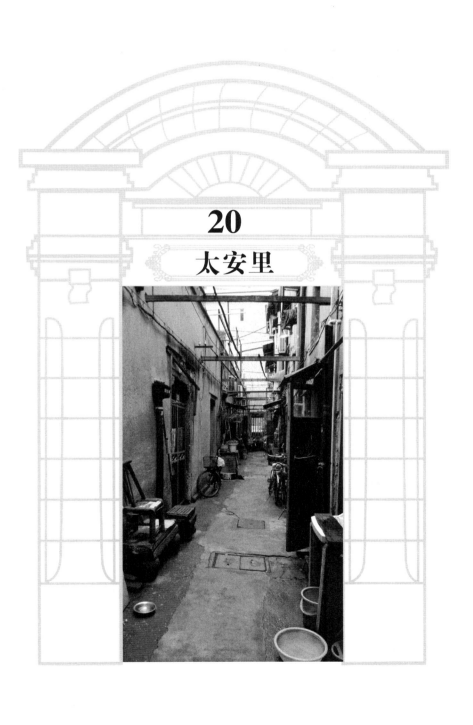

冻死在街头的高丽人

钱静霞，76岁，海南路182弄39号（太安里）

　　1946年我随姑妈、姑夫搬到这里，整幢房子是我姑夫用条子顶下来的。当时太安里的人家都是独幢头住的，大部分人家是做生意的，条件比较宽裕。人也比较文明，见了面一般都称呼先生、师母。晚上很安静。

海南路，老区政府的对面，叫老虎山，很荒凉。所以晚上一般不出去。据说房子是日本人造的，我们搬进来的时候，都是榻榻米。太安里附近，有日本人开的妓院，1946年日本人逃走后，这些妓女都没人管，生活很苦。那一年冬天，天寒地冻，我经常在晚上看到倒毙在马路边上的妓女尸体，听说这些妓女都是高丽人。

　　直到现在，居民家中还在用马桶，少数条件好的，装了卫生设备。现在整个房子因为年代久了，墙壁、地板都有点酥了。

21
溧阳路1933弄

这是我妈妈，不是阮玲玉

梁雅雯，72岁，溧阳路1933弄1号甲（清源里）

　　我当时随父母住在虹口的西边，1943年秋冬之际迁回这里，这里本来就是我家的住宅，后来给日本人用去。住在我们这幢房子的是一个搞航空的日本高级知识分子，1943年这个人返回日本，把房子交还给我们。我们当时搬回来的时候，住宅里都是榻榻米，糊白墙纸，纯粹日本的风格。我们这条弄堂里1号2号3号，都是独幢头的。3号住过国民党的虹口区副区长。我们弄堂里住着大多都是知识分子、高级职员、工商业者。当时我们买房子，因为我爸爸的朋友是造这里房子的，他听说我们要买房子，就叫我们先挑选，所以我家这幢房子楼层非常高，天井最大。

我的妈妈是画家关紫兰，广东南海人，生在虹口，1923年中华艺术大学西洋画科毕业，就是现在的左联遗址纪念馆，是这个学校的第一批学生，陈抱一的学生。后来，她到日本去留学，并在日本开过画展。她的一幅油画水仙花，曾被印成明信片发行日本。当年名气很响的《良友画报》，称她为油画家中的"佼佼者"。三十年代，她和刘海粟、林风眠名气一样响。抗战时期，日本人请她出来做事，她坚决不肯，很有骨气。我妈妈非常同情穷人，经常给穷人铜钿，人家很尊重她。她这个人重情义，很豪爽，碰到自己的老师及其后代有困难，常常慷慨解囊，给予帮助。

　　母亲长期保持着老派的生活方式，在"文化大革命"当中都不改变，她每次出去，喜欢理发、美容、擦点香水，始终保持很风雅的派头，还保持着吃咖啡的习惯，一直到晚年，她经常散步到德大咖啡馆和红房子咖啡馆去喝咖啡。再后来，年纪大了，就到就近四川北路对过的燕记西餐社。我母亲还喜欢骑马、驾车，当然这都是老早底的事体了。

　　我记得几年前，南京路王开照相馆地下室，因为自来水管子破裂，浸湿了一只旧纸板箱，打开一看，竟是一大叠上世纪二三十年代名人的老照片。上海的晚报得知后，挑了几张登出来，其中有一张是被王开照相馆认为是阮玲玉的侧面照，当天报纸到手，我一看，搞错了，这不是我妈妈吗？第二天，我赶到王开，拿出一张我妈妈1926年，也是在王开拍的正面照给他们看。王开的人拿着这张照片，跟阮玲玉的照片一对照，面架子、眉眼都跟我妈妈相像，但神态不大像。他们说对不起对不起，将阮玲玉与我妈妈搞错了。也难怪他们搞错，我妈妈与阮玲玉活脱活像，都是瓜子脸，一双眼睛水汪汪的会说话，很有气质。接着，晚报又登了一篇文章，题目是："这是我妈妈，不是阮玲玉"，把事情纠正了过来。

　　一般人认为，老天爷是公平的，给了你绘画的才能，就不会给你漂亮的面孔。像我妈妈这样才貌双全的美女画家，连上帝都要妒忌。

　　我妈妈画得好，她为人处事低调，不喜欢张扬，她也不喜欢追潮流，画作也比较超然，画的都是日常生活的主题，用现在的话说，小资情调比较浓，所以有很长的一段时间，大家似乎都拿她忘记了。

　　现在我妈妈的画，一幅可以卖到几百万了。我妈妈1986年过世，去年我们把她大部分的画和其他文物，捐给了上海历史博物馆，也算完成我妈妈的心愿了。

22

溧阳路1335弄2号

赵家璧和阿拉乘风凉

赵青，61岁，溧阳路1335弄2号（赵姓住宅）

我们溧阳路1335弄，原来是和1333弄隔开的，1333弄叫清源里，我们1335弄叫什么里，我现在忘了，只记得是四个字的。"文化大革命"中把隔墙打开了，所以现在1333弄和1335弄合在一块了。1335弄是一个很小的里弄，只有5个门牌，1号到5号，但很幽静，环境很雅。我家住在1335弄2号。1949年我就出生在这里。当时我们住在二楼，60多个平方米，家里有爹娘和我，这在当时的上海是很宽敞的。

我们这个弄堂里，住的都是知识分子和工商联的。1号楼下住的是一家姓吴的大资本家，三楼住家是我们整个弄堂的二房东，我们都要付租金给他。这个人姓陈，广东人。2号是我们家，我爹爹是工商联的，3号4号住着的是著名出版家赵家璧。5号楼下一半住的是著名记者曹聚仁

一家。"文革"中后期，赵家璧一家被扫地出门，搬到山阴路大陆新村去了。曹聚仁一家"文革"前就搬到南京西路去了。

我们弄堂是封闭式的，所以很少有人进来。几家小孩经常都聚在一起玩耍，还互相到各家去白相，我当时到赵家璧家里玩的时候，看到一幅老先生和毛主席拍在一起的巨幅照片。天热了，我们都到弄堂门口乘风凉，曹聚仁、赵家璧夫妇有时也到弄堂口乘凉，和我们小孩聊聊天，赵家伯伯讲徐志摩是他的先生。赵家璧夫妻俩长得胖笃笃很有福相。曹聚仁个头矮小，但人很精神。曹家伯伯闲话不多。

由于我们弄堂里都是知识分子，所以和当时的演艺界和文化界都保持来往，我记得我爹爹和著名演员张伐关系很好，张伐就是电影《红日》当中扮演解放军军长沈振新的那个人，他经常到我家来玩。著名演员吴云芳（在电影《乔老爷上轿》、《枯木逢春》中饰演过角色）和《解放日报》美编张楚良结婚的时候，就住在1号，后来搬出去了。五年前左右，曹聚仁的女儿——著名演员曹雷，儿子——凤凰卫视新闻评论员曹景行，还到这里来白相，寻找童年的印象，和我们这些小时候的老朋友，谈得很开心。谈到父亲曹聚仁，曹雷说，我爸爸从小不太关

心我们姐弟俩，他走了以后我们才知道，他1960年去香港，是肩负"秘使"重任，做沟通统战工作，所以1972年他走后，周总理称他为"爱国人士"。这一天，曹家姐弟还和我们在弄堂口合影留念。

小时候玩的东西很多，斗鸡、造房子、跳绳、跳橡皮筋、刮刮片、打弹子、滚铁圈、搓哑铃、抽贱骨头、翻麻将牌、飞纸飞机、吹田鸡。小商小贩进进出出，每天有炒白果、卖棒冰的，还有修棕棚、削刀磨剪刀的。弄堂里没有倒马桶声，因为我们家里面用的都是抽水马桶，那时我们买东西都到四川北路，四川路很热闹，吃穿用什么都有，买东西方便极了。现在好像不行了。

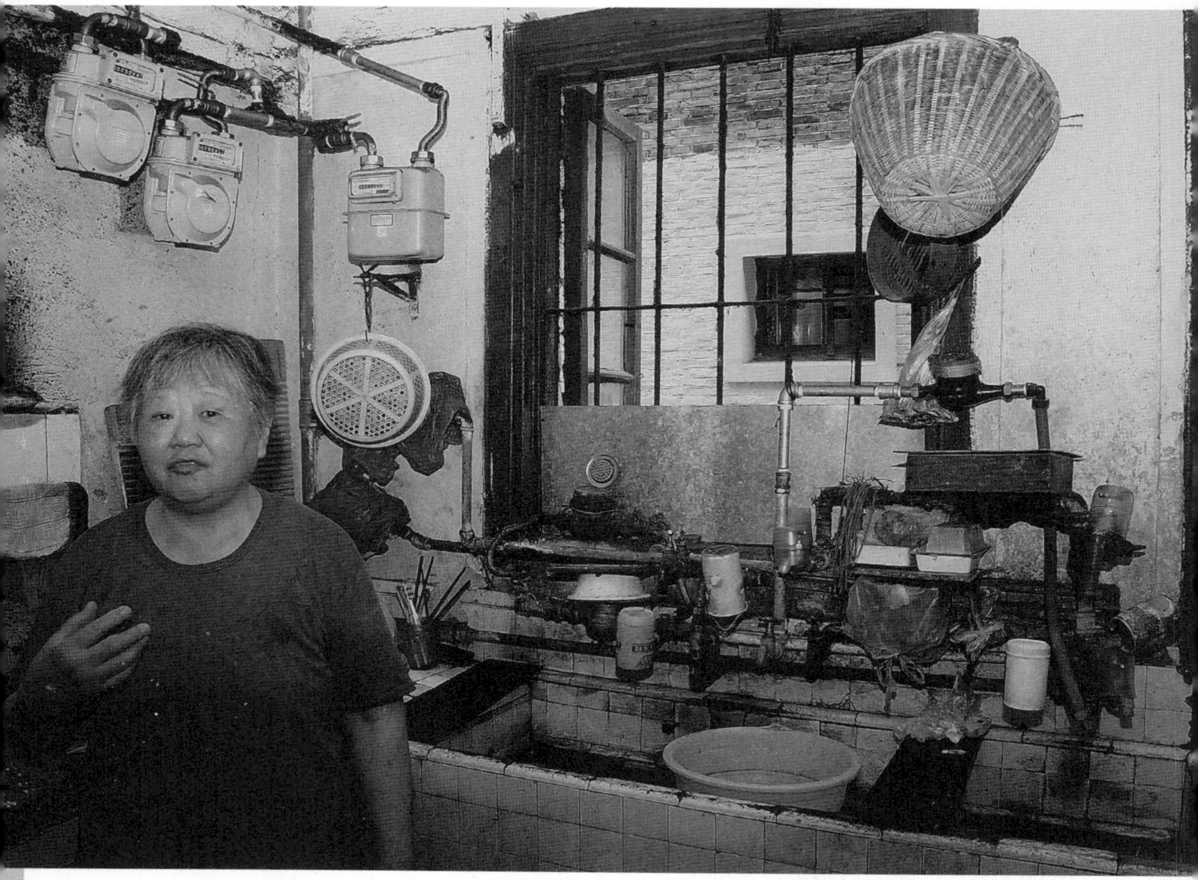

23

乐安里

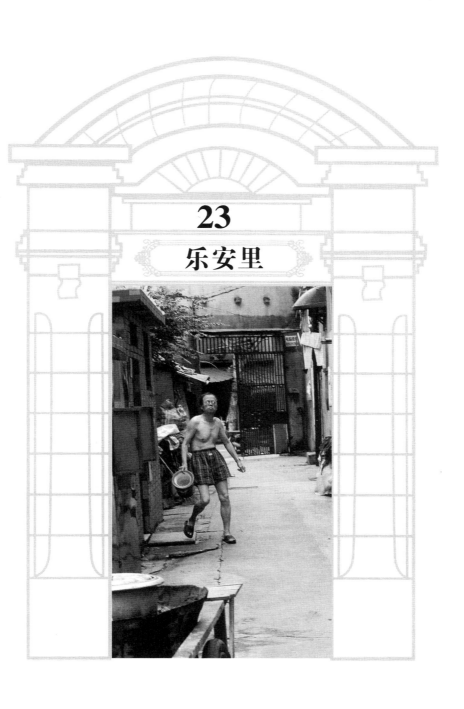

隔壁是提篮桥监狱

李美玲，79岁，昆明路284弄61号（乐安里）

　　1947年到1948年，我们家就在昆明路乐安里，住底楼前客堂，一家人共有10个，爷娘和8个兄弟姐妹。当时为什么住在底楼呢，因为我姆妈是小脚，行走不方便，我的爸爸在上海监狱做巡捕。乐安里一共有5条弄堂，1号到95号，一条弄堂大概有14、15家。刚刚搬来的辰光，弄堂空房子很多，可以随便住。

　　我们弄堂里住的大部分是工人，拉老虎塌车的。在巡捕房做的除了我家，还有对门43号弟兄俩人，也在上海监狱里做。81号一幢房子是一个当时在邮政局做头头的，叫骆克强的人住的，跟同住这里的是他的小

老婆。他们家每到礼拜六就开派对，留声机放音乐来伴舞。我们小时候喜欢热闹，一到礼拜六就到81号去听舞曲。上世纪90年代初骆克强过世了，他的小女儿还住在这里。31号叫曹荣兴是保长，日本人时期他们动员人家拆石库门的铜环，给日本人做子弹。我们家隔壁是一个小老板，专门做装铜盆帽的纸盒，这个人戴铜盆帽，拿司狄克（手杖），鼻梁上一副金丝边眼镜，蛮有腔调的。

乐安里一般的石库门住四家人家，条件好的住两家，灶披间全部是住人的，没地方开伙仓，生煤炉，烧饭烧菜都在后门口，烟味道和油耗气呛人，为此经常吵架。住在亭子间的把生好的煤炉，摆在2楼楼梯转弯口煮饭烧菜。我记得隔壁邻家亭子间的有一次蒸鱼，2楼的小孩回家一不小心碰翻了锅子，烫得一塌糊涂。到现在为止，洗澡还在弄堂里。

乐安里和提篮桥监狱，以前是没有隔墙的、提篮桥监狱有很大的两块操场，我记得我们从小都在操场上乘风凉。捉迷藏。我母亲当时还养了一只山羊，后来两块操场用竹篱笆隔开来，做了菜地，枪毙人都在菜

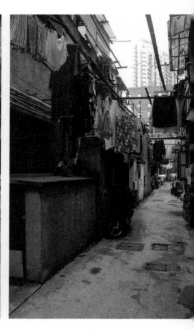

地里。乐安里最后一幢房子，爬在老虎窗窗口往外看，可以看到枪毙人的情况。我清楚地记得王孝和烈士被杀的情景。1948年9月夏天的最后两天，那天上午九点多，有枪响的乒乓声，到了下午王孝和的丈母娘到提篮桥来收尸，他的丈母娘生得矮小，一口薄皮棺材从我们弄堂里抬过。据说他的老婆正在怀孕，不能来，所以叫丈母娘来了。解放前夕，我们看到大批人在菜地里被枪毙，有很多女的，是穿旗袍的。姆妈一般不叫我们去看，她说看了以后，晚上会做恶梦。现在这地方用水泥围墙隔开了。

小时候弄堂里小商小贩很多，卖臭豆腐、紫萝卜、糖粥、冰块等，叫卖声此起彼伏，很好听的。初一、十五专门有浦东人上门来推销长锭，这些女人头上包一块乡下的蓝印花布，腰围也扎一块蓝印花布，很

好看。初一、十五半夜里，有时会听到卖长锭的声音，老人会说隔壁监狱枪毙人太多，都是冤魂在叫。

　　小的辰光玩的都是最简单的东西，跳橡皮筋。我们姐妹为了要到监狱操场打羽毛球，就盯着姆妈给我们买一副羽毛球拍。我到今朝也记得很清楚，我姆妈给人家日夜辛苦，结了三件绒线衫，赚了3块钱，总算给我们买了一副 羽毛球拍，当时我们姐妹俩高兴得跳了起来。

24

永庆里

天井里头跳橡皮筋

卢焕章，78岁，川公路176弄甲1号（永庆里）

　　我是1952年左右搬过来的。当时这里叫荣光新村，是解放初期闸北区团工委的宿舍。当时这里没有几户人家，除了我们一家以外，都是团工委工作人员的单人宿舍。

　　据说我住的这幢石库门，曾做过耶稣教堂，现在的石库门两边，仍有教会留下的文字，还有一家小型的图书馆。我家住在底楼，26平方米。

　　这个老石库门的天井，在当时算比较大的，大约有20平方米。在天井里，男孩子喜欢玩"造房子"的游戏，还有打"三毛球"等，女孩子喜欢"跳橡皮筋"，边跳边唱歌："栀子花，白兰花，三分五分买两朵；梁山伯，祝英台，两只蝴蝶飞出来。"

　　住在这里的大部分是工人，只有一家是开粮店的小老板。房子小，一般天热都露宿在弄堂口。

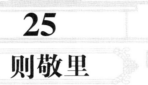

25

则敬里

小店开在家门口

刁月华，83岁，邢家桥北路16弄4号（则敬里）

　　我原来在中国人民解放军华东军需部工厂工作，我们那个工厂主要是做军衣、军鞋的。1958年由工厂分配我们一家到则敬里居住。我们住在4号楼下，当时只有我、老头和4个儿子。16弄只有6个门牌号头：1号、2号、3号、4号、5号和6号。前两年四平路拓宽，我们前排的1号、2号、3号的房子都拆掉了，现在只剩下4号、5号、6号了。

　　我记得1号楼上住的是清洁工，楼下住户，只晓得他的一个儿子是做医生的；2号老周在清管站工作，2号住的人最多，大约十几个人；3

号是小学老师，女儿以后也做了老师，算是女承父业吧，3号里的人生活条件比较好，其他的号头相对差一点；5号在公交公司做司机。

　　我家的小店开了三十几年了，以前在弄堂里，后来前面第1、2、3号房子没有了，我的店就成了街面房子，直接对着四平路了，生意较以前好了点。老早底在弄堂里，因为我做人诚实，价格公道，所以生意还可以。现在马路拓宽了，主要靠马路上的客人，弄堂生意也顺带做一点。我们16弄住的人不多，所以纠纷也不多，小商小贩总归是有的，但是不算多。

　　热天乘凉的时候，弄堂里的人，都拿躺椅到邢家桥北路去乘风凉，当时的马路要宽一点，现在靠邢家桥北路的房子外面筑起了围墙，马路就变得窄多了。现在的条件比过去好，所以弄堂里马路上乘风凉的人少了，大都在屋里厢"孵空调"了。我小时候在乡下长大，所以上海的弄堂游戏不熟悉，也没有玩过。

26

三合院石库门

马棚里传来拷打声

高龙章，82岁，邢家桥北路44号（三合院老石库门）

　　我随着父母在上世纪三十年代，住进了长春路海伦路的两间平屋里。父亲是做废纸生意的，我中学没毕业，就跟父亲一道做生意。后来房子拆掉了，1945年左右，搬到现在住的地方，邢家桥北路44号三合院老石库门。

　　当时在虹口进进出出，日本人都要查"派司"（良民证）。44号当时是日本的宪兵司令部。当年这幢房子的花园靠东面，是一个马棚，马棚里有几排马槽——一种用来盛饲料喂马的长方形器皿——据说当时宪

兵队，把抓来的抗日爱国志士或"嫌疑犯"，关在马棚里讯问，那里常有被拷打后的惨叫声传出来，叫人听了汗毛凛凛的。

当时，我们这幢房子里住的都是打工的，生活条件比较差，文化水平都只有初小和中学水平。44号里，日本人的住宅条件比较好，有抽水马桶和小卫生，据说当时是特为给他们海军陆战队的家属配置的。

27

仁吉里

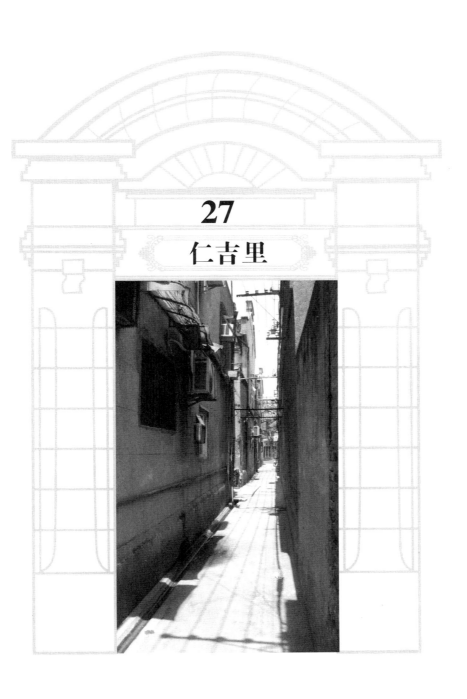

当年的水井仍在用

顾善文，86岁，东长治路870弄9号（仁吉里）

　　1938年我到仁吉里来住，那时我只有14岁，9号的房子是我姨夫买下来的，他当时在离东长治路很近，外国人的华仁码头看码头，和我一起住的有我的妈妈、阿姨、姨夫。

　　那时我们弄堂里的人不多，一般住的都是做小生意的人，一幢房子住一户人家。我的阿姨在华仁码头摆饭摊，主要供应扛大包流大汗的码头工人，因为价格便宜，生意蛮好的，每天忙得团团转。仁吉里一共有6排房子，1号到31

号。老早底仁吉里直通丹徒路，抗战期间，日本人在虹口掼炸弹，把丹徒路856弄炸掉了，炸弹也把我们弄堂里的水管炸坏了，我们就只好到马路上，拧开消防龙头，用铅桶一桶桶地拎水吃。后来大家请人，在弄堂里挖了几口井，主要吃井水。

现在这几口水井还在。为了节省自来水，至今还有少数居民用井水洗衣服、冲洗弄堂、打扫房间。每当夏天买来了西瓜后，我们都喜欢打一铅桶井水，把西瓜在阴凉的井水里浸泡上个几小时，再剖开来吃，味道比在冰箱里冰过的更爽口。有时买来了啤酒，装在一个带绳子的竹篮头里，吊下去搁在井水里，等一会儿吊上来，打开来喝，一点也不比冰啤酒差。

日本人时期，我们弄堂里住着一个帮日伪公安局做事的人，这个人很凶，很嚣张，却从来不欺负弄堂里的人，有点"兔子不吃窝边草"的作派，而外人也不敢随便到我们弄堂里来狠三狠四的。上世纪40年代初期，日本人在虹口提

篮桥一带划过隔离区——即犹太人定居区，允许逃难的犹太人居住，但是不能越过规定的四条马路，我记得其中一条就是丹徒路，越过丹徒路东面就是英美租界了。据我知道住在公平路的，有很多是乡下到上海来的女人，这些女人大多数都在犹太人家里做娘姨。公平路上有很多白俄，这些白俄大都是做小生意的，如磨剪刀、做棉花糖等。公平路到提篮桥，有很多印度人做警察的，大家叫他们"红头阿三"。

解放前公平路人不多，沿街都是店面，店面很干净，门口不堆东西，现在门口堆得来是一塌糊涂。天热的时候一般不出去，实在热得吃不消了，就在门口乘凉，也有不少人到丹徒路去乘凉，因为丹徒路上人也不多。小时候玩过滚铁圈、刮刮片、飞香烟牌。弄堂里几乎没有穿弄过堂的小贩，也不知道什么道理。

28

源茂里

江主席骑车从我们弄堂穿过

陈竹林，92岁，天水路源茂里

　　源茂里总弄长200多米，189个门牌，8个过街楼，在上海，这样长的弄堂，这样多的过街楼，应该说不多见的。与天水路周围的其他房子相比，源茂里的房子算是比较正气。1945年日本人投降后，我搬到这里。当时住在我们23号里的日本人，是一个知识分子，我来的时候，他已经在打包准备撤离回日本老家。

　　我们源茂里有40多幢房子，是国民党中央银行的职员宿舍，因为当时我和我爱人都在中央银行工作，所以我们住的房子，是中央银行分配的。一般一幢房子基本上住两户人家。由于是同事，隔壁邻居大家关系

都是不错的，但是不经常走动，因为银行里面有派系，所以彼此底细不太了解，也就是一般的打打招呼罢了。

源茂里的整个生活状况，还算比较可以的。为我们的安全起见，银行特地在弄堂大门口搭了一个棚，有专人值班，晚上睡在棚里，从早到晚，弄堂里比较清静。逢年过节，中央银行会派车送东西来，包括糖、米、油等日常食品，每户人家都能领到一份。所以我们弄堂里，小商小贩很少光顾，因为几乎没有生意可做。

我爱人小的时候，住在卢湾法租界，在长乐路的弄堂里长大。所以谈起往事，她常常会对我儿子说，那里的人层次比较高，生活条件好，小孩白相的游戏也比较高档，比如说溜冰车，打篮球、羽毛球。不像虹口属于下只角，游戏也比较单调。但我不太同意她的说法，我觉得我们源茂里是比上不足，比下有余，小孩的游戏比不上长乐里那样西洋化，但我们弄堂里孩子的玩具都是自己制作的，这对从小培养孩子的动手能力很有好处。

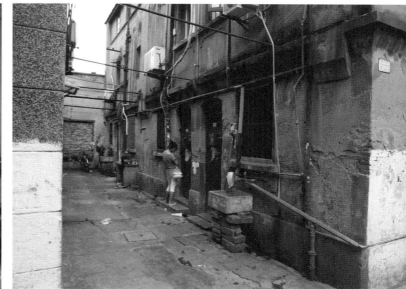

刚才我说过，由于银行派系关系，以前大家不太来往，所以底细都不太清楚。到了"文革"，弄堂里接连有人被抄家，被批斗，有些秘密大家都晓得了：37号住着国民党的杭州市长，看上去文质彬彬，见到人未开口先笑。30号住的日本人，是一个造船工程师，走路很怪，他一般沿着弄堂边侧身弓着腰走路，看到熟人便点头哈腰，极其小心翼翼。这都是"文革"中才知道的。

　　源茂里南进口是天水路，北出口是贯中路，贯中路旁边是香烟桥路，上海益民食品厂就在香烟桥路和贯中路上。上世纪50年代的时候，我们的江泽民主席，在益民食品厂当设备科科长，他经常骑着自行车从我们源茂里穿过。我们弄堂里许多人，都认识江主席，他非常质朴、和蔼，经常会与人打招呼。直到现在，老人们提到江主席，都会有一种亲切感。还有一件事，也是老人们津津乐道的，那就是益民食品厂生产的棒冰、雪糕、冰淇淋等冷饮上，都有一只红彤彤的火炬商标，据说这是当年江主席亲自参与设计的。

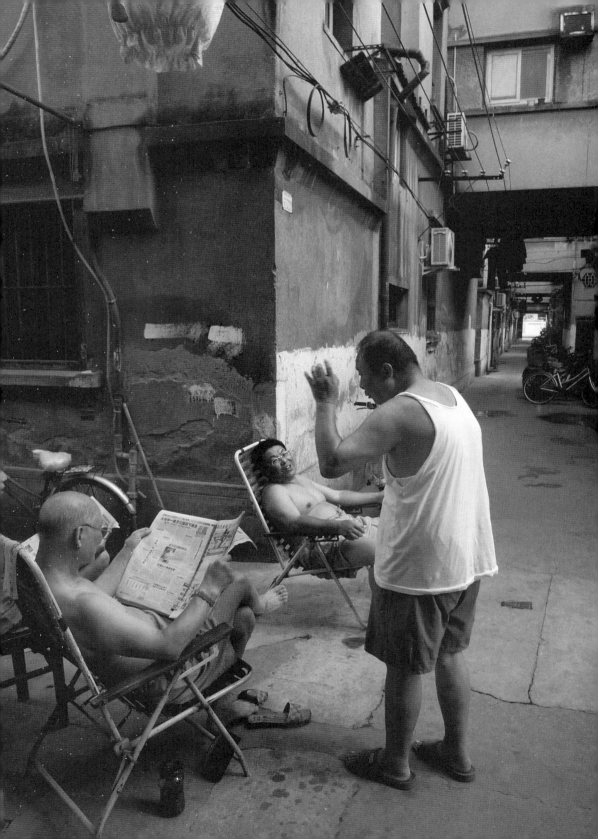

29
德仁里

生意人门槛精，香烟牌子一大张卖

林承发，74岁，邢家桥南路231弄23号（德仁里）

　　德仁里一共有7条横弄堂，每个横弄堂有5个门牌号，德仁里共有35个门牌号。上世纪九十年代末，市政改造拆掉了1号到9号，所以现在是10号到35号，据说1号到9号两排石库门，是日本人造的，大门很小。我家大约是1950年左右搬来的，当时同住的有我的爹娘和两个哥哥。整幢房子是用条子顶下来的。

　　我们石库门有小卫生，上世纪六七十年代装了煤气。住在德仁里的大多数是职员，条件一般还可以，每家人家都住一幢房子。据说德仁里的房子，是由一个开建筑营造厂的老板，姓李的建造的。他有两个儿子当时也住在这里，每人一幢。

当年的政府，曾叫李老板去造提篮桥监狱，他家里反对说，造监狱是作孽，会有报应的。后来他的大儿子竟然莫名其妙死了。德仁里原来有一口水井，后来堵死了。解放前，我们德仁里18、19号还办过小学；解放后，29号开过居民食堂和作为冬防委员会的办公场所。德仁里的石库门一般面积不大，通客堂21平方米，二楼通楼也是21平方米，亭子间6.8平方米，再加上晒台、卫生间和灶披间。

德仁里的居民，隔壁邻居一般不大叫应，也不打听东家长西家短的底细，可能跟他们的职业和文化素养有关。弄堂口没有烟杂店。买东西要走一段路，到四川路上去买，买菜到虹江路菜场。以前家里有客人来，都到德仁里旁边的三八饭店吃饭，价廉物美。现在三八饭店没有了。我们弄堂里不少人家，当时就有无线电收音机，个别人家，屋里还有电话、沙发。"文革"期间乱套了，到我们弄堂里来抢房子的人，抢得很凶。现在许多房子都不是一家独住了。比方讲22号原本只住一家，现在住了三家——客堂间一家，通前楼一家，亭子间一家，十五六个人住在一幢房子里，螺蛳壳里做道场。由于公用面积不够用，搬来的人家

没地方烧饭，一般由房管所来测量和划定地方，有时难免会吵架。

弄堂里小商小贩不多，可能是靠近四川北路，买东西较方便。天热的时候，弄堂里的人到四川路、虹江路一带去乘风凉，晚上虹江路竹塌躺椅一排一排的，都是附近的居民。

小时候我们那一代人玩的游戏，主要是打弹子、斗虫、刮刮片和飞香烟牌子。以前一包香烟里有一张香烟牌子，小囡要白相，没有这么多香烟牌子，做生意的人门槛很精，印一大张一大张的卖，我们买回来，就用剪刀一片一片地剪开来。现在条件好了，我女儿买了四房两厅两卫，叫我们老夫妻搬过去住，我们去住后，觉得不习惯，为啥呢，邻居都像陌生人一样，见面也不打招呼。天天待在新房子里很冷清，寂寞，所以又搬回德仁里住。尽管房子老，但是生活了几十年，熟门熟路熟人，很亲切，很有感情。

30

金恩里

犹太人住过

陈文妹，88岁，霍山路315弄16号（金恩里）

　　我是1952年搬到这里的，刚搬来时就是我们老夫妻俩，住在后厢房9.5平方米，搬来时客堂两边摆的都是机床，据说是当年犹太人在这里开的小厂。三层阁还有摇车。

　　我们金恩里16号，当时有8家人家合用3 380块顶下来的，到现在还是住了8家人家，四五十个人。当时这里犹太人很多，14号晒台还做过屋顶花园，犹太人热天在屋顶花园乘凉。十几年前住在16号的犹太人的后裔，还千里迢迢，特为到金恩里来看过，拍了照留念。

　　后来听说14、16号两幢房子，是犹太人造的。据说这个老板，在舟山路也造了不少房子。金恩里靠南边的是霍山路，北面弄堂穿到长阳路的是意大里，门牌号从1号到74号。以前霍山路不大有人，弄堂里也很少有人。我们弄堂里住的大多数是工人、小商人。以后人家多了，经常吵架。一幢人家8户人合用一只龙头，晒台8家人家合用，都要抢着晒衣裳。有时候大门口堆一块砖头都会吵。

　　住在石库门的人一般聊天，都在灶披间，晚上烧饭的时候，会东家长西家短地瞎讲。石库门生活很不方便，尤其现在还在用马桶，但是马桶的竹刷子买不到，只能改用瓷马桶。弄堂里挑担子多得很，天天有卖糖粥、破布换糖、补鞋子的，还有江西人补瓷碗的。

　　弄堂里每天一早,是倒马桶的声音,接下来生煤炉,弄堂里都是烟雾腾腾,空气很不好。天热了乘风凉都睡在弄堂里,有时实在太轧了,就移到马路上,当时主要在霍山路、大连路口手表总厂那块空地上乘凉。弄堂里家里有婚丧喜事,主要是住在一幢房子的来往送礼,其他几幢房子,都不搭界。

　　小时候一般人都很穷,所以玩的东西基本上是不花钱的,打弹子、刮刮片、斗鸡、跳绳、跳橡皮筋,算是"穷开心"吧。

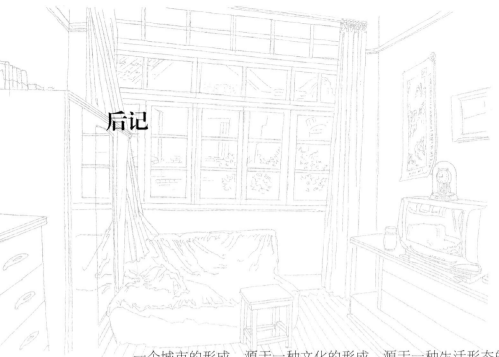

后记

　　一个城市的形成，源于一种文化的形成，源于一种生活形态的形成。石库门曾经是上海人居住的主要建筑形式，石库门文化是海派城市文化的一个重要内容。自1870年代至今，上海的石库门住宅经历了兴起到式微的过程。随着城市的建设更新，大量的石库门建筑被拆除，随之一起面临湮灭危险的也包括石库门文化。

　　虹口是海派文化的重要发祥地，目前是上海石库门种类最完整的区域，保留了全市最多的石库门存量。2008年，随着"石库门里弄居住习俗"由虹口区成功申报为上海市第二批非物质文化遗产保护项目后，抢救石库门活态生活资料成为石库门文化保护重要的工作。上海市非物质文化保护中心虹口分中心的葛建平和刘莹两位同志用了整整一年的时间，足迹遍及虹口的石库门陋巷旧里，抢救性地采录4万余言，形成30篇关于石库门生活的记述文字。从中，我们可以记起许多石库门生活的点点滴滴，可以重温已经碎片化的但连绵不断的生活情愫。

　　我们要感谢从事石库门文化保护工作的同志，要感谢留下这些宝贵记忆的旧里旧人。今天，这些文字有幸能够编辑成书，语言虽不精美却保留了原真，是石库门生活最最真实的记录，是石库门文化研究的宝贵资料。